资助项目:

　　1.教育部人文社会科学重点研究基地重庆工商大学长江上游经济研究中心"长江上游地区创新创业与区域经济发展团队项目（CJSYTD201706）"；

　　2."三峡库区百万移民安稳致富国家战略"服务国家特殊需求博士人才培养项目；

　　3.国家社会科学基金项目"中国区域技术创新碳减排效应及优化政策研究（13BJY024）"。

U0339435

Zhongguo Quyu
Jishu Chuangxin Tanjianpai Xiaoying
ji Youhua Zhengce Yanjiu

孙　建＼著

中国区域技术创新碳减排效应及优化政策研究

中国财经出版传媒集团

经济科学出版社

Economic Science Press

图书在版编目（CIP）数据

中国区域技术创新碳减排效应及优化政策研究／孙
建著 . —北京：经济科学出版社，2019.8
　　ISBN 978 - 7 - 5218 - 0860 - 5

　　Ⅰ. ①中… 　 Ⅱ. ①孙… 　 Ⅲ. ①二氧化碳 - 减量化 - 排
气 - 研究 - 中国 　 Ⅳ. ①X511

中国版本图书馆 CIP 数据核字（2019）第 199769 号

责任编辑：谭志军　李　军
责任校对：隗立娜
责任印制：李　鹏

中国区域技术创新碳减排效应及优化政策研究
孙　建　著
经济科学出版社出版、发行　新华书店经销
社址：北京市海淀区阜成路甲 28 号　邮编：100142
总编部电话：010 - 88191217　发行部电话：010 - 88191522
网址：www. esp. com. cn
电子邮箱：esp@ esp. com. cn
天猫网店：经济科学出版社旗舰店
网址：http://jjkxcbs. tmall. com
固安华明印业有限公司印装
710 ×1000　16 开　12 印张　180000 字
2019 年 11 月第 1 版　2019 年 11 月第 1 次印刷
ISBN 978 - 7 - 5218 - 0860 - 5　定价：56. 00 元
（图书出现印装问题，本社负责调换。电话：010 - 88191510）
（版权所有　侵权必究　打击盗版　举报热线：010 - 88191661
QQ：2242791300　营销中心电话：010 - 88191537
电子邮箱：dbts@ esp. com. cn）

前　言

近年来，二氧化碳排放所带来的温室效应等气候变化问题越来越受到国内外各方的重视。在 2009 年哥本哈根世界气候大会上，我国政府承诺争取到 2020 年单位 GDP 二氧化碳排放将比 2005 年下降 40% ~45%；在 2015 年巴黎世界气候大会上，我国政府承诺到 2030 年单位 GDP 二氧化碳排放将比 2005 年下降 60% ~65%。国家和政府部门的相关规划文件中也对我国低碳发展提出了各种要求，低碳发展已经成为当前我国经济生活中的一个重要议题。国内外的实践表明，技术创新有助于低碳经济转型，是实现低碳发展的有效途径。

在此背景下，本书利用空间统计分析、宏观计量经济协整模型、动态随机一般均衡模型（dynamic stochastic general equilibrium，DSGE）等方法深入研究了中国区域技术创新二氧化碳减排效应及政策优化问题。利用空间统计莫兰（Moran）指数、莫兰散点图等方法研究了中国区域技术创新的空间相关性，利用空间特征向量映象法（spatial eigenvector mapping，SEVM）等计量经济模型的相关方法，研究了中国区域技术创新内生俱乐部收敛特性、中国区域技术创新影响因素、中国区域碳排放的空间相关性、中国区域碳排放影响因素、中国区域碳排放门槛效应等问题。利用中国区域—宏观计量经济模型模拟分析了中国三大区域、八大区域技术创新投入的二氧化碳减排效应。同时，对国家碳减排目标的可达性、现有政策优化组合的减排效应也进行了模拟分析。利用 DSGE 模型从全国的角度出发，对技术创新研发投入（R&D 投入）、碳税、环境治理等宏观变量的碳减排影响机制进行了研究。全书研究得出了一些有益结论，主要包括：

第一，中国区域技术创新有关指标均存在空间相关性，人均专利授权存量莫兰指数总体上显现出先减少后增加的"U"形曲线态势，技术创新能力水平高的省区市大多都分布在东部沿海地区，如北京、天津、上海、江苏、浙江等地区。从全国整体来看，中国区域技术创新能力存在一定的空间差异性，但变化幅度较小，区域技术创新能力的空间差异主要来自非相邻省域间的技术创新能力的差距，非相邻省域基尼系数的贡献率都在90%以上且有小幅上升的趋势。中国区域技术创新存在条件门槛收敛、人力资本存在两个门槛值，区域科技经费投入强度是区域创新收敛的重要条件。中国区域研发投入、外资依存度等因素不仅对本地区技术创新产出具有显著正向影响，也对邻近周边地区的创新产出有正向影响。

第二，中国区域二氧化碳排放强度①存在显著的空间相关性。中国区域碳排放强度的空间差异主要来源于非相邻区域，其贡献率大体上呈现出上升趋势，到2014年非相邻区域对空间差异的贡献率达到了82.01%。产业结构、人口、能源消费结构这些影响因素的增大会促进区域碳排放强度的增大，而经济增长与专利存量对碳排放强度有直接抑制作用。中国区域碳排放EKC曲线存在明显的双门槛收入效应，按1997年不变价计算，人均GDP的门槛值分别是6867元和24081元。在高中低收入三个区域，EKC曲线形成内在机制各不相同，在中低收入区域，规模效应、技术效应和结构效应对区域碳排放均有显著正向影响；在高收入区域，结构效应影响不明显。

第三，中国东中西部三大区域研发投入同等幅度的增加都会减少国家二氧化碳排放，降低二氧化碳排放强度；三大区域研发投入增加对二氧化碳排放的影响程度由大到小呈现东部区域、西部区域、中部区域的排列情况，对二氧化碳强度的影响程度由大到小呈现西部区域、东部区域、中部区域的排列情况；三大区域研发投入的增加对其他经济和环境变量的影响关系基本一致，均表现为促进经济增长，降低单位GDP能源消耗，抑制工业废水排放，但对工业固体废物和工业二氧化硫排放的抑制作用在后期才得以体现。八大

① 由于分子式不同，碳排放与二氧化碳排放是两个不同的量，但二者可进行换算，可参见相关文献，如：毛明明. 中国碳排放影响因素及减排情景研究［D］. 重庆工商大学，2016；杨骞，刘华军. 中国二氧化碳排放的区域差异分解及影响因素——基于1995～2009年省际面板数据的研究［J］. 数量经济技术经济研究，2012（5）：36－49. 本书文献综述部分对这两个说法不加区分、技术语本身意义进行理解。本书第4章、第5章涉及的由作者测算的数据皆为"二氧化碳排放"量，为描述简洁起见，第4章、第5章、第6章中的"二氧化碳排放"有时简称为"碳排放"，二者意思无区别。

区域中除东北区域以外，研发投入对碳排放的影响趋势同三大区域基本相似。

第四，要实现巴黎世界气候大会上我国政府承诺的二氧化碳排放强度下降60%～65%的目标，相关单项政策的变动趋势分别为：环境污染治理投资额相对基准情景高出23%～31%；资源税相对于基准情景呈现先降低后增加的趋势，2028～2030年年均增加1.22%～1.61%；消费税相对基准情景呈现先增加后降低的趋势，2015～2020年年均增加15.22%～20.32%；排污费相对于基准情景则呈现先降低后增加的趋势，2028～2030年年均增加0.47%～0.62%；能源价格相对于基准情景，年均增长率在3.45%～4.52%。

第五，以巴黎世界气候大会上我国政府承诺的二氧化碳排放强度减排下限值60%为参考标准，未来我国碳减排政策优化组合的重点为：区域研发投入年均增长20%，全国环境污染治理投资年均增长20%，全国资源税年均增长20%，全国消费税年均增长15%，全国排污费年均增长10%，全国能源价格年均上升10%，全国能源结构年均下降2%。政策优化组合意味着我国"十三五"时期乃至今后一段时间，碳减排应继续增加技术创新投入，加快技术创新成果的产出和应用，尤其要注重与改善大气环境相关的先进技术的运用；逐步缩小传统能源的生产生活运用范围，鼓励新能源的开发与推广，减少碳基能源消耗；源头管理与末端治理并行，继续加强环境污染管制水平，继续提高污染治理水平。

第六，技术进步、研发投入、专有技术投资、环境治理投资可以有效地降低碳排放强度，总体上可以实现经济增长与环境改善的双赢目标。碳税税率冲击对总产出的负向影响特别明显，环境治理投资的后期正向效应比较明显，政府治污支出的当期效果比较明显。总体来看，专有技术投资冲击对碳排放、碳排放强度波动贡献最小，环境治理投资冲击对碳排放、碳排放强度波动的影响比较大。比较而言，当前中国经济要实现绿色低碳发展，促进技术进步、加强环境治理投资、加大研发投入、加强专有技术投资仍然是比较重要的政策选择。

孙建

2019年6月于重庆南山

目　　录

第1章 绪 论

1.1 研究背景与意义

1.1.1 研究背景

近年来，二氧化碳排放所带来的温室效应等气候变化问题越来越受到国内外各方的重视。在 2009 年哥本哈根世界气候大会上，我国政府承诺争取到 2020 年单位 GDP 二氧化碳排放将比 2005 年下降 40%～45%。中共十八大报告提出，建设小康社会要"把生态文明建设放在突出地位"，要"着力推进低碳发展"，要努力实现"单位国内生产总值能源消耗和二氧化碳排放大幅下降"的新要求。在 2015 年巴黎世界气候大会上，我国政府承诺到 2030 年单位 GDP 二氧化碳排放将比 2005 年下降 60%～65%[①]。"十三五"规划指出，要实施创新驱动发展战略，发挥科技创新在全面创新中的引领作用，加强基础研究，强化原始创新、集成创新和引进消化吸收再创新，着力增强自主创新能力，为经济社会发展提供持久动力。"十三五"规划指出，要继续深入推进能源革命，着力推动能源生产利用方式变革，优化能源供给结构，提高能源利用效率，建设清洁低碳、安全高效的现代能源体系，维护国家能源安全[②]。国家发展和改革委员会继 2010 年和 2012 年组织开展了两批低碳省区和

---

① 转引自：武戈，林琳，郑哲贝. 碳锁定内涵及研究文献综述 [J]. 中国商论，2017，(12)：147–149.

② 转引自：中华人民共和国国民经济和社会发展第十三个五年规划纲要，http：//www.china.com.cn/lianghui/news/2016–03/17/content_38053101.htm；王文乐. 技术创新对区域经济发展的影响探究 [A]. 今日财富论坛杂志社. 今日财富论坛 [C]，2016，2.

城市试点工作后，在 2017 年组织开展了第三批低碳省区和城市试点工作，要求按照"十三五"规划《纲要》《国家应对气候变化规划（2014~2020 年)》《"十三五"控制温室气体排放工作方案》目标，鼓励更多的省区、城市探索和总结低碳发展经验。可以说，低碳发展已经成为当前我国经济生活中的一个重要议题。但总体来说，我国低碳经济还处于起步阶段，尚未形成系统低碳经济政策。

从统计数据来看，我国能源消费总量从 1997 年的 13.001 亿吨标准煤增长到 2014 年的 42.600 亿吨标准煤，年均增长率为 7.325%。碳排放量和能源消费量的总体趋势基本一致，1997 年我国碳排放总量为 85412 万吨，到 2014 年增加到 253453 万吨，平均年增长 9885 万吨、平均年增长率为 6.726%。2014 年，我国 R&D 经费为 13015.6 亿元，比上年增加 1169.0 亿元，增长 9.9%；R&D 经费投入强度为 2.05%，比上年提高 0.04 个百分点。R&D 资本存量由 1997 年的 695.430 亿元增加到 2014 年的 8239.130 亿元，平均年增长率为 14.72%。1997~2014 年我国平均能源强度、碳排放强度分别为 1.440 吨/万元、0.895 吨/万元，能源强度、碳排放强度年平均下降率分别为 1.981%、2.534%①。

国内外的实践表明，技术创新有助于低碳经济转型，是实现低碳发展的有效途径。我国技术创新投入不断增加，碳排放强度不断下降，学界对其关系进行了广泛研究。目前，关于区域技术创新和碳减排形成了许多具有很高学术价值和实践指导意义的研究成果，为区域碳减排政策制定、减排政策与减排效应关系的认识提供了现实背景和理论依据。庞军（2008）、卞家涛和余珊萍（2011）、周五七和聂鸣（2012）、李伟（2015）等对此进行了较好的总结。这些成果中，主要的一个方面就是技术创新对碳减排的影响，技术进步是影响碳总量减排的关键性因素（姚西龙，2012），研发投入会降低碳技术的成本并引起利润的增加（Porter & Claas，1995）。但现有研究也存在一定的问题，如郑佳佳等（2015）指出，温室气体减排研究应该结合多种模型的优点加强模型的研制开发，避免单一模型对研究造成局限性影响。佟昕和李学森

---

① 碳排放量、R&D 资本存量、能源强度、碳排放强度数据由作者测算，R&D 经费数据来自国家统计局网站。

（2017）指出，目前碳排放问题的研究主要集中在少数几个变量上，缺少全面深入考虑碳排放影响因素的研究。

在我国建设资源节约型、环境友好型社会的背景下，在转变经济发展方式的现实要求下，要有效地进行环境治理，实现经济低碳发展，就必须开展技术创新、碳减排政策及其减排效应的系统性研究。本书研究正是从这一点出发，在对中国区域技术创新和二氧化碳排放时空演变分析的基础上，构建中国区域—宏观计量经济模型来研究区域技术创新减排效应、国家碳减排目标的可达性、减排政策优化组合等问题，对于探寻和补充中国低碳发展路径是非常必要的，对于实现国家减排目标也具有重要指导价值。

1.1.2　理论及实践意义

研究理论意义体现在三个方面：

第一，通过区域技术创新→区域知识生产→区域知识积累→国家知识积累→国家宏观经济这样一条影响路径，将区域技术创新活动对国家宏观经济的影响联系起来，从而可以进一步将区域经济政策与国家宏观经济活动联系起来，为研究区域政策的宏观经济效应提供了一个新视角。

第二，依据研究视角的思路，构建了带内生断点结构特征的中国区域—宏观计量经济协整模型，根据不同的情景设置分析了中国区域技术创新投入的二氧化碳减排效应、国家减排目标的可达性、减排政策优化组合等问题，是对环境经济政策评价的有益补充。

第三，本书将技术创新资助政策（主要指 R&D 投入）引入碳减排政策（主要指碳税）分析体系中，并在 DSGE 模型统一框架下研究了技术创新、碳减排政策、环境治理政策的减排影响机制，是对碳减排政策研究领域的拓展和对碳减排政策评价体系的完善。

研究实践意义体现在两个方面：

第一，在目前我国尚未形成系统的低碳经济政策之前，要实现我国减排目标，就必须要发挥已有政策的最大效应。探寻现有影响我国减排目标实现的主要政策因素，并围绕这一因素优化相关政策组合，这是目前实现我国减排目标的可行方法，本书研究为此提供了重要的政策启示。

第二，资源环境政策制定和实施风险加大使得对资源—环境—经济领域政策模拟成为国内外政策研究的热点。探索差异化区域技术创新政策与国家宏观减排政策结合对国家减排目标的影响，利用动态模拟仿真平台，进行技术创新投入、单项政策可达性、技术创新与环境政策组合等各类情景模拟分析，是对区域技术创新政策和减排政策绩效事前评估的一个重要体现，为中国实现经济发展方式转型、践行低碳发展要求提供切实有效的政策指导。

1.2　研究内容及技术路线

本书围绕中国区域技术创新碳减排效应研究主题展开了相关研究，本书研究共分七大部分。

第1章绪论。本章简要阐述了研究问题产生的背景，概括了本书研究的理论意义和实践意义、课题研究的技术路线，梳理了主要研究内容、研究方法和创新之处。

第2章文献综述。对本书研究涉及的技术创新、区域技术创新等概念进行了界定，对技术创新与碳减排的关系从宏观、微观层面进行了文献梳理，指出已有研究存在的不足及本书研究的方向。

第3章中国区域技术创新时空演变研究。本章对区域技术创新的投入与产出等指标进行了界定，依据空间统计、空间过滤和空间计量经济模型的相关方法，分析了中国区域技术创新的空间差异性、中国区域技术创新俱乐部收敛特性、中国区域技术创新影响因素等时空演变问题。

第4章中国区域碳排放时空演变研究。本章依据空间统计和空间计量模型的相关方法，分析了中国区域碳排放的空间相关特性、中国区域碳排放影响因素、中国区域碳排放门槛效应及影响机制等问题。

第5章中国区域技术创新碳减排效应宏观计量模拟分析。本章从区域经济政策到国家宏观经济这个角度出发，根据宏观计量经济模型的有关理论，构建了带内生断点结构的中国区域—宏观计量经济协整模型，模型包括能源模块、污染物排放模块等九大模块。通过模型，模拟分析了中国东中西部三大区域、东北地区等八大区域技术创新投入的二氧化碳排放效应。同时，对国家碳减排目标的可达性、现有政策优化组合的减排效应也进行了模拟分析。

第6章中国碳减排政策减排效应DSGE模拟分析。这一章从全国的角度出发，在DSGE模型框架下对技术创新研发投入（R&D投入）、碳税、环境治理等宏观变量的减排影响机制进行了研究。

第7章主要结论、建议及研究展望。本章对整个研究所得到的相关结论进行了总结与概括，根据本书研究及阶段成果提出了相关对策建议，指出了本书研究存在的不足，明晰了进一步研究的方向（见图1-1）。

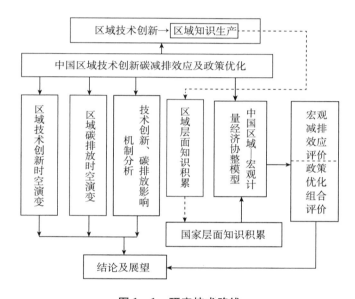

图1-1　研究技术路线

1.3　研究方法

第一，文献分析方法。根据研究主题，从国家（区域）层面、产业（企业）层面收集国内外有关技术创新对碳减排影响方面的资料，掌握有关计量经济评价模型的最新进展，了解与本书研究相关的最新研究动态。

第二，空间统计分析方法。主要利用空间分析相关指标（如莫兰指数、莫兰散点图）、空间基尼系数、空间杜宾（DURBIN）模型、SEVM等方法，对我国区域技术创新与碳排放空间相关性、空间差异性、影响因素等问题进行了分析。

第三，宏观计量经济协整模型方法。建立了中国区域—宏观计量经济协整模型，主要用于研究区域技术创新宏观减排效应问题，并对国家减排目标的可达性、政策优化组合的减排效应进行了模拟分析。

第四，动态随机一般均衡方法。利用动态随机一般均衡模型对技术创新、环境政策（主要指碳税）与碳减排之间的影响机制进行初步分析。

此外，本书在研究过程中，对所有计量经济模型都进行了协整检验，保证了计量模型中变量关系的可靠性。

1.4 研究创新之处

本书以中国区域技术创新碳减排效应为研究主题，对中国区域技术创新、区域碳排放等相关问题进行了深入分析，研究创新之处主要体现在如下三个方面：

第一，研究改进了空间过滤 SEVM 方法。在研究中国区域技术创新时空演变、中国区域碳排放时空演变的过程中，改进了空间过滤 SEVM 方法，这一方法可以有效地捕捉传统面板[①]样本数据存在的空间相关性，空间过滤 SEVM + 传统面板模型的方法有效地拓展了传统面板模型的应用领域，为相关研究提供了一个参考范例。

第二，研究拓展了"区域—宏观"方法的应用领域。研究构建了中国区域—宏观计量经济协整模型，模型以国民产品和收入核算体系的统计数据为基础，结合宏观经济相关理论及国家供给侧改革实际，引入供给需求双向联动机制，利用具有内生结构突变检测功能的估计方法，模型对实际数据拟合较好。模型不仅分析中国的东、中、西部三大区域、东北地区等八个区域技术创新投入的二氧化碳减排效应，而且创造性地对国家减排目标进行了可达性分析，并以"巴黎目标"为参考标准[②]，创造性地考虑了多种外生政策变

---

① 传统面板模型是指没有考虑样本数据空间相关性的面板计量经济模型。

② 在 2015 年巴黎世界气候大会上，中国政府承诺到 2030 年二氧化碳排放强度将比 2005 年下降 60% ~ 65% 。

量优化组合对国家二氧化碳排放强度目标实现的影响。"区域—宏观"的研究方法是对目前区域政策绩效评价的有益补充，在一定程度上拓展了宏观计量经济模型的应用领域，为国家评估差异化区域政策提供了有益指导。

第三，研究在一般均衡框架下初步探索了"减排"与"增长"双赢影响机制。面对既要促进企业技术创新、又要提高企业减排积极性双重目标激励，本书尝试在动态随机一般均衡（DSGE）框架下，将企业分为中间品厂商和最终品厂商，在施加企业技术创新（R&D 投入）、减排政策（碳税）等一系列限制条件下对企业优化行为进行一般均衡分析，较为系统性地研究了技术创新、减排政策对碳减排的影响机制，这是对技术创新、碳减排政策及其碳减排效应在一般均衡框架下分析的有益补充，在一定程度上是对多任务激励机制理论的拓展性探索。

第2章 文献综述

2.1 主要概念界定

2.1.1 技术创新

技术创新是一个内涵非常宽泛的概念，涉及经济学、管理学甚至哲学范畴。亚当·斯密在 1776 年的《国富论》中提出，"国家的富裕在于分工，而分工之所以有助于经济增长，一个重要的原因是它有助于某些机械的发明，这些发明将减少生产中劳动的投入，提高劳动生产率"。其中，"某些机械发明"的论断一定程度上体现了技术创新的思想[①]。马克思在《资本论》中阐述了生产力与生产关系的辩证关系，从历史唯物主义的角度分析了技术对资本主义社会的影响，并说明了技术在经济发展中的重要地位，虽然没有明确技术创新的概念，但是从哲学的高度阐明了技术创新的思想[②]。熊彼特在 1928 年出版的《资本主义的非稳定性》中提出创新是一个过程[③]，在 1934 年出版的英文版《经济发展理论》中使用了创新（innovation）一词，在 1939 年出版的《商业周期》中比较全面地提出了创新理论[④]，不过在这些论著中熊彼特都没有提及技术创新的具体内涵[⑤]。但熊彼特的技术创新包含五种情况

---

① 转引自：杨东奇．对技术创新概念的理解与研究［J］．哈尔滨工业大学学报（社会科学版），2000（2）：49－55.

② 转引自：范维，王新红．科技创新理论综述［J］．生产力研究，2009（4）：164－166.

③ 转引自：金伟．企业创新理论与企业组织创新［J］．环渤海经济瞭望，2014（10）：35－37.

④ 转引自：欧阳建平．论技术创新的概念与本质［D］．中南大学，2002．杜伟．关于技术创新内涵的研究述评［J］．西南民族大学学报（人文社科版），2004，25（2）：257－259.

⑤ 转引自：粟进．科技型中小企业技术创新驱动因素的探索性研究［D］．南开大学，2014.

的思想为以后的经济学家研究技术创新理论提供了坚实的基础。

　　对于技术创新的概念界定国外学术界并没有统一，主要存在三个方面的争论，一是对技术创新中"技术"的限定；二是技术创新对技术变动的强度有无限定以及限定在什么程度上；三是对技术创新而言，"成功"的概念和标准是什么①。国外对技术创新概念代表性的界定主要有以下几种：索罗（Solow，1957）指出，技术创新的成立需要两个条件，即新思想的来源和后阶段的实现发展，"两步论"被认为是技术创新内涵界定研究上的一个里程碑②。弗里曼（Freeman，1973）在《工业创新中的成功与失败研究》一文中强调，技术创新是技术的、工艺的和商业化的全过程，它导致新产品的市场实现和新技术工艺与装备的商业化应用③。弗里曼和克里斯托弗（Freeman & Christopher，1982）认为"技术创新是新产品、新系统和新服务的首次商业性转化"。斯通曼（Stoneman，1983）将技术创新定义为首次将科学发明输入生产系统，并通过开发研究形成商业交易的一个完整过程④。这三位学者从经济学层面出发，强调了技术创新的"新"以及"首创"，并且将技术创新和产品的销售和最终经济效益联系起来。也有学者从管理学层面出发将技术创新看作是管理上"几种行为综合的结果"，如伊诺斯（Enos，1962）在《石油加工业中的发明与创新》中的定义，他认为"技术创新是几种行为综合的结果。这些行为包括发明的选择、资本投入保证、组织建立、制定计划、招用工人、开辟市场等"⑤。

　　国内许多学者也对技术创新内涵进行了探讨。胡哲一（1992）认为，技术创新是周期性技术经济活动的全过程。柳卸林（1993）指出，技术创新是指与新产品、新工艺的首次商业应用有关的活动。傅家骥（1998）认为，技术创新是企业家重新组织生产条件和要素的过程。冯之浚（1999）认为，技

①　转引自：黄寰. 自主创新与区域产业结构优化升级（连载五）——以西部地区为例 [J]. 资源与人居环境，2007，（11）：18 – 20.

②　转引自：胡哲一. 技术创新的概念与定义 [J]. 科学学与科学技术管理，1992（5）：47 – 50. 李永波，朱方明. 企业技术创新理论研究的回顾与展望 [J]. 西南民族大学学报（人文社科版），2002，23（3）：188 – 191.

③　转引自：俞佳玉. 江苏省大中型工业企业技术创新能力评价研究 [D]. 苏州大学，2013.

④　转引自：张巧. 河北省技术创新与经济增长实证研究 [D]. 河北经贸大学，2012.

⑤　转引自：王桃荣. 青海省科技创新能力研究 [D]. 青海大学，2011.

术创新是一个从思想的产生，到产品设计、试制、生产、营销和市场化的一系列的活动。史世鹏（1999）认为，技术创新有狭义和广义之分，狭义的技术创新就是新技术产品的创始、演进和开发；广义的技术创新则与高技术产品流通过程相重叠。李兆友（1999）从实践过程、动态过程、活动过程三个方面论述了技术创新的内涵。郭晓川（2001）认为，技术创新是技术系统和经济系统整合的过程，是一个跨组织的行为。邹新月等（2001）认为，技术创新是以市场为导向，研究市场的潜在需求，去开拓新方法、新工艺、新产品，然后将他们进一步产业化、商品化，最终能在市场上获取商业利润，取得良好经济效益的一系列过程。杜伟（2004）较为全面地探讨了技术创新内涵的基本要点。陈玉凤（2005）认为，技术创新是使得技术和经济有机结合，相互转化的一个过程。牛莲芳等（2006）认为，技术创新是以企业为主，将技术成果转化为现实生产力，并且将现实技术与经济有机结合的一项具有实践性、外部影响性、动态发展性和综合性的活动。董景荣和周洪力（2007）认为，技术创新首先是技术本身的过程创新，其次是经济的过程创新。杨建军（2008）认为，技术创新是技术实践、生产经营实践、管理实践结合在一起的特殊的社会实践活动，具有三重属性。张继林（2009）从四个方面详细分析了技术创新的内在属性。张同健等（2009）认为，技术创新是具有层次性的技术经济活动的综合过程。王秋菊（2011）认为，技术创新是以新技术为手段并用以创造新的经济价值的一种商业活动。耿丽萍和李明（2011）分析了国内具有代表性的几种技术创新内涵。俞佳玉（2013）分析了技术创新内涵的四个基本特征。唐未兵等（2014）认为，技术创新常常和技术进步联系起来，技术进步是技术创新的结果，常表现为全要素生产率的提升。杜伟等（2014）认为，技术创新是实际应用，并产生经济、社会效益的商业化全过程活动。邵云飞等（2017）对突破性技术创新的内涵进行了详细分析，认为突破性技术创新是企业、产业、国家获得制胜先机和持续竞争优势的关键。陈劲等（2017）对技术创新的内涵进行了辨析，认为技术创新的本质就是将不同类型的知识和技术等转化为经济价值和社会价值的过程。

综上所述，本书认为技术创新的主要主体是企业和其他机构如高等院校、科研机构等，在符合国情和当前经济形势下通过自主研发或者引进一种新技术投入生产或研究，用智力来改进产品和技术进而获得一定的利润和市场份额，同时也能够减少成本获得正外部性实现经济发展并且满足自身需求的一个过程。

2.1.2　区域技术创新

区域技术创新是国家技术创新体系中一个重要的组成部分（崔珊，2012），是国家经济和技术发展的基础。20 世纪 90 年代以来，区域技术创新及区域技术创新能力逐步成为技术创新领域的热点问题。

伯恩斯等（Burns et al.，1961）首次提出技术创新能力的概念[1]。弗里曼（Freeman，1987）在研究日本技术政策与经济绩效时提出了"国家创新系统（NIS）"的概念[2]。纳尔逊（Nelson，1993）认为，国家创新系统是包括研究机构、大学和政府部门等在内的一整套制度集合。库克（Cooke，1996）认为，区域技术创新是由在地理上相互分工、相互联系的企业、研究机构和高等院校等构成的区域性组织体系[3]。奥蒂奥（Autio，1998）综述了区域技术创新系统的定义和特征。斯德恩（Stern，2000）界定了国家创新能力的内涵，研究了国家创新能力的决定因素。奥伊纳斯和马勒基（Oinas & Malecki，2002）对国家创新系统和区域创新系统进行了完善，提出了空间创新系统的概念，发现区域空间相关性对区域技术创新具有重要影响。弗里曼等（Furman et al.，2002）认为，国家创新能力是一个国家生产和商业化创新性技术的能力，取决于国家的基础设施、创新环境等因素。多洛罗等（Doloreux et al.，2003）分析了技术知识基础设施对瑞典主要技术增长区域创新系统的影响。里德尔和施韦尔（Riddel & Schwer，2003）认为，区域创新能力是与区域商业相关联的创新潜力，并利用内生增长模型分析了知识存量、工业研发投入等因素是美国创新能力的主要影响因素。弗里奇和弗兰卡（Fritsch & Franke，2004）研究了德国三个区域知识溢出和研发合作对区域创新活动的影

---

① 转引自：竺学锋. 区域技术创新能力与高技术产业发展研究［D］. 浙江工业大学，2013：7－8.

② 转引自：中国国家创新体系国际化政策概念、分类及演进特征，http：//www. chinareform. org. cn/Economy/Macro/report/201507/t20150708_229171. htm.

③ 转引自：胡海峰，胡吉亚. 区域技术创新评估文献综述［J］. 理论学刊，2011（4）：68－72.

响。安德森和卡尔松（Andersson & Karlsson，2006）分析了区域技术创新系统的内涵，从消费者、生产者、政府部分、研究机构等几个方面分析了区域创新系统的构成。特里普尔（Trippl，2013）对区域创新系统内涵及特征等进行了分析。林基宁等（Rinkinen et al.，2016）对区域创新系统的要素进行了分析，并利用芬兰区域数据进行了实证研究，认为区域企业是区域创新体系的重要组成部分。科伦等（Coenen et al.，2016）分析了区域创新系统的内涵，研究了经济区位演化对区域创新系统的影响。

国内学者对区域技术创新及区域技术创新能力的概念及相关内容也进行了研究。谷国锋和滕福星（2003）提出区域科技创新就是一个从 R&D 开始到实现市场价值的动态过程。黄鲁成（2003）将生态学理论与区域技术创新理论相结合，提出了区域技术创新生态系统概念。邵云飞和谭劲松（2006）认为，区域技术创新是区域技术创新系统功能发挥程度的反映。中国科技发展战略研究小组（2004）认为，区域技术创新能力是指在区域内将新知识转化为新产品、新工艺、新服务的能力[①]。张宗和和彭昌奇（2009）认为，区域技术创新是一个多要素互动的过程，区域技术创新能力分为潜在的技术创新能力等四个层次。方旋等（2009）认为，区域技术创新是指一个以企业为主体，地方政府、教育科研单位、中介机构构成的区域系统。胡海峰和胡吉亚（2011）对区域技术创新的含义和评估方法进行了较好的综述分析。杜鹏程和孔德玲（2009）认为，区域创新能力是区域技术和经济发展的综合反映，并对泛长三角区域创新能力进行了比较分析。刘中文等（2009）构建了一套系统、量化、适用的区域技术创新能力评价指标体系。张克俊（2010）认为，高新区技术创新能力是一个综合能力系统。刘丙泉等（2011）认为，区域技术创新能力的发展差距造成区域经济的不平衡。徐辉和刘俊（2012）对国内外区域创新系统内涵进行了较好的综述，认为区域技术创新能力是指一个地区将知识创新与技术发明转化为新产品、新工艺、新服务的一种综合创新能力。白嘉（2012）认为，区域技术创新能力反映了一个地区知识创造，吸收和转化的能力。徐辉和刘俊（2012）认为，区域技术创新能力的测度是一个

[①] 转引自：竺学锋. 区域技术创新能力与高技术产业发展研究［D］. 浙江工业大学，2013：12－13.

复杂的动态过程。王锐淇（2012）结合空间计量经济学分析工具，对技术创新能力和相关影响因素在区域内部及区域间的扩散效应进行了实证研究。王欣和姚洪兴（2016）检验了对外直接投资（OFDI）对区域技术创新的非线性动态影响效应，发现随着吸收能力变量水平的连续增加，OFDI 对区域技术创新能力的影响也在持续增强。蒋振威和王平（2016）认为，技术创新能力是指充分发挥创新资源优势，将创新知识转化为新产品、新工艺和新服务并产生新价值的能力，并利用海南相关数据对海南区域技术创新能力进行了实证分析。

综上所述，可将区域技术创新理解为，以某一特定区域内企业为主体，企业、教育、科研机构等部门有机结合，为创造知识和开发新产品而进行的一系列技术经济活动（孙建，2012），区域技术创新能力是通过一定评估方法，利用某些指标或指标组合对区域技术创新活动综合能力的整体体现。

2.2　技术创新与碳减排相关研究

低碳经济成为当今世界经济发展的主流趋势，碳减排作为低碳经济发展的核心，各项政策的制定与之息息相关，同时，资源环境政策制定和实施风险加大使得对资源—环境—经济领域政策模拟成为国内外学者研究的热点。在这一热点领域中，技术创新（或由技术创新所引起的技术进步）、碳减排政策及其减排效应的模拟研究又是其中的主要方面。

2.2.1　国家、区域层面的研究

宏观和中观层面的研究多数利用可计算一般均衡模型（computable general equilibrium，CGE）或是综合评价模型（intergraded assessment model，IAM）分析区域、国家技术创新、碳减排政策、碳减排目标等诸多变量之间的关系，然后对相关政策进行模拟分析。

（1）CGE 模型对技术创新、碳减排政策及其碳减排效应的模拟。博塞茹尔等（Beuuséjour et al.，1995）利用 CGE 模型分析了美国、加拿大碳税和排放规制政策对二氧化碳排放控制问题。古尔德和施奈德（Goulder & Schneider，1999）运用数值分析和一般均衡模型来探讨诱致性技术创新对碳减排的影响。碳减排政策对各行业的研发有着不同程度的影响，并不一定会提高整个经济的技术进步率。若仅仅只关注区域技术创新，会低估国内生产总值中碳减排的成本，技术创新的存在表明我们可以用更低的成本实现既定的减排目标，但是同时在给定碳排放税的条件下需要更高的平衡环境效益成本。关于碳减排的总成本主要还是取决于高效的研发市场，而不是二氧化碳减排政策的引进。克里基等（Criqui et al.，1999）利用局部均衡模型分析了签署东京议定书国家和发展中国家二氧化碳减排边际成本，并与其他模型的分析结果进行了比较。费希尔·范登和苏荣（Fisher – Vanden & Sue Wing，2008）以发展中国家为例，通过 CGE 模型分析表明，提高生产效率的研发投入对能源和碳排放强度有着衰减效应，而提高产品质量的研发投入对能源和碳排放强度有着放大效应，也就是说，提高生产率的部门的能源和碳排放量随着研发投入的增加而减少，而提高产品质量的部门的能源和碳排放量随着研发投入的增加而增加。布雷施格等（Bretschger et al.，2011）建立内生增长 CGE 模型分析了碳减排政策对瑞士消费、社会福利等方面的影响，结果表明，碳减排政策对知识密集部门增长率高于非知识密集部门。弗雷泽和瓦希克（Fraser & Waschik，2013）利用 CGE 模型检验了澳大利亚三种环境税对能源产品生产的影响，结果表明，当向产品生产征收碳税而不是向产品使用征收碳税时"双重红利"效应更明显。洪等（Hong et al.，2014）开发了一个基于 R&D 的韩国 CGE 模型，结果表明，产业部门拥有的非自有知识有助于提高全要素生产率（TFP），基于 R&D 的 CGE 模型比标准 CGE 模型拟合更好。齐和翁（Qi & Weng，2016）建立了多国家 CGE 模型，研究了基于市场的排放交易系统对 2030 年相关国家减排目标的影响，结果表明，在 2030 年的全球碳交易市场上，碳交易均衡价大约是每吨 29.83 美元。亚胡和奥斯曼（Yahoo & Othman，2017）利用 CGE 模型，分析了基于市场的政策（主要是碳税）和命令控制机制（部门排放标准）对马来西亚经济的影响，结果表明，结合税收中性假定的碳税政策更有效。

黄英娜和王学军（2002）对 CGE 模型在环境领域的应用情况进行了详细的综述分析。波尔等（Bor et al.，2009）利用 CGE 模型分析了公共 R&D 投资对台湾经济的影响，研究表明，公共 R&D 投资促进了高技术产业技术进步，增加了产品出口。加罗内和格里利（Garrone & Grilli，2010）研究了中国技术创新对碳减排的影响，结果表明，能源创新在碳减排中发挥着重大的作用，政府研发支出不足以通过本身来促进能源创新过程，公共能源研发已经在国家层面成功地提高了能源使用效率，但是却未能在碳排放因素和碳排放密度上产生重大影响，同时发现能源研发预算的形成将会影响碳排放的未来趋势。金（Jin，2012）开发了一个 CGE 模型研究中国技术创新对碳减排的影响，结果表明，独家的研发可能远远不能达到承诺的气候标准，补充性的政策应该用来加强现有的气候行动，技术创新的政策能进一步加强研发投入和碳减排，但是补充效应相对较小。梁等（Liang et al.，2007）利用 CGE 模型模拟了不同碳税结构对中国能源、贸易部门的影响，结果表明，碳税对能源、贸易部门及宏观经济有负向影响。王等（Wang et al.，2009）利用内生技术进步的 CGE 模型分析了不同的气候政策对中国经济的影响，发现技术进步是降低减排成本的主要因素，技术进步可以促进经济增长、提高能源效率、减少二氧化排放强度。梁等（Liang et al.，2009）利用 CGE 模型对中国实施碳税、核电能源补贴等效果进行了模拟分析，结果表明，单一部门能源效率提高可以有效降低二氧化碳排放。邓细林（2012）利用 CGE 模型分析了技术进步对能源使用量的影响，结果表明，技术进步对三次产业能源强度的影响都呈下降趋势。其中，第一、第三产业降幅较多，第二产业降幅较小。李和邵（Li – Cheng Yu & Shao Shuai，2016）建立了新常态下的中国动态 CGE 模型，分析表明，R&D 补贴政策能够消除新常态对宏观经济的负面影响。许士春等（2016）利用 CGE 模型分析表明，碳税能够明显降低二氧化碳排放，除政府收入和消费增加，对其他宏观经济变量均产生负向效应。娄峰（2017）构建中国科技研发 CGE 模型，结果表明，科研经费制度改革政策可以有效地提高我国 GDP 增长率。黄蕊等（2017）建立动态 CGE 模型，研究表明，同时征收碳税和硫税，中国碳排放显著降低。

（2）IAM 模型对技术创新、碳减排政策及其碳减排效应的模拟。国外最有影响力的 IAM 模型是诺德豪斯等（Nordhaus et al.，1996）开发的 DICE/RICE 模型（朱晶晶，2012；王铮等，2012）。诺德豪斯（Nordhaus，2002）

在 DICE 模型中引入内生化技术进步机制。范德茨瓦安等（Van Der Zwaan et al.，2002）利用内生技术进步机制研究其对最优碳减排的影响，通过实证表明，内生技术进步意味着通过碳减排可以满足大气中二氧化碳排放浓度的限制，非化石能源技术发展是实现碳减排的重要机遇。博南诺等（Buonanno et al.，2003）分析表明，碳排放强度随着技术创新投资的增加而降低，环境政策会影响内生性技术创新和技术变革，技术产出和碳排放的比例取决于知识存量，而知识存量又通过研发活动所积累。波普（Popp，2004）改进了研究气候变化的 DICE 模型，引入了能源部门引致创新，分析表明，忽视引致性技术进步会高估最优碳税政策的福利成本 8.3 个百分点，其他部门 R&D 潜在的挤出效应和研发部门的市场失败是潜在引致创新的最主要影响因素。施奈德（Schneider，2005）分析了 IAM 模型的历史，讨论了相关研究的差异。奥尔蒂斯等（Ortiz et al.，2011）开发了一个 DICER 模型（DICE - Regional 模型）用来分析气候政策中的不确定性，结果表明，全球最优气候政策在短期会引起较高的减排成本。诺德豪斯（Nordhaus，2011）利用 RICE - 2011 模型估算了碳排放的社会成本，按 2005 年价格计算每吨碳价大约是 44 美元。诺德豪斯（Nordhaus，2014）研究表明，按 2005 年价格计算每吨二氧化碳排放社会成本大约是 18.6 美元。

国内利用 IAM 模型进行技术创新与减排政策模拟研究的代表性人物是中国科学院的王铮研究员，先后建立了数个以 RICE 为基础的碳减排政策模拟模型。王铮等（2012）考虑了技术的内生进步，划分世界为 8 个地区，建立了一个新的针对气候保护分析的集成评估系统——MRICES - 2012 模型，并且把它发展为方案分析的工具。吴静等（2012）在 LRICES 模型的基础上将研发投资引发的技术进步内生化到模型中，结果发现，全球及各国的碳排放趋势均呈现先上升后下降再略微反弹的倒 "S" 形。朱晶晶（2012）将 RICE - 2007 模型进一步修订为包含 "金砖四国" 整体区域/各成员国的 RICE 模型，并就四大类情况的不同情景进行了模拟分析。李海涛（2013）通过调整 RICE - 2010 模型中的 CO_2 排放控制率，对八种全球 CO_2 系列减排方案开展了气候经济模拟评估。刘祺（2014）指出，IAMs 种类繁多，选取了 DICE/RICE 模型以及 PAGE 模型，比较两种模型的建模理念、温室气体模拟、世界分区、计算方法、关键参数的取值，并简要分析其最新模型的运行结果和气候政策。吴静等（2014）指出，DICE/RICE 模型中的碳循环模型主要有两个，即 Nordhaus 单层碳库模型和 Nordhaus 三层碳库模型，并进行了深入的对比分析。龚瑶和严婷（2014）建立了包括生产技术和能源相关技术冲击的 DICE 模型，模拟的结果显示，2050 年大气温度将在 2000 年的基础上上升约 2 摄氏度。张孜孜（2014）利用 DICE 模型对我国碳税税率进行了估算，并就碳税对经济的影响进行了评估。米志付（2015）将碳配额交易机制引入 RICE 模型，研究表明全球合作能有效促进减缓气候变化进程。同时，作者对气候变化综合评估模型技术进步的衡量方法也进行了详细总结。陈然（2015）在气候变化综合评估模型（RICE）的基础上，构建了符合我国国情的区域气候综合评估模型，从实证分析结果可以看出，实行碳税制度在一定程度上能够降低我国的二氧化碳排放量，以及相应的碳排放强度。

2.2.2　产业、企业层面的研究

利用数理模型分析产业、企业技术创新（技术进步）、碳减排政策、碳减排目标等诸多变量之间的关系，然后再对相关政策进行模拟分析。目前这方面的研究主要是国外学者所做，国内研究较少。

卡索拉科斯和西帕帕迪亚斯（Katsoulacos & Xepapadeas，1995）通过对寡头企业开展环境研发竞争进行研究，结果表明，只有当政府对企业征收一定的排污税，企业才会进行环境研发。荣格等（Jung et al.，1996）给出了减排政策在激励企业技术创新方面的排序，一是拍卖许可证制度，二是排放税和补贴，三是发行市场许可，四是绩效标准，包括在整个体系中的绩效标准。施川南德（Stranlund，1997）发现，公共技术资助能够促进企业采用更高级的减排控制技术。波普（Popp，2001）利用专利数据来评估新技术对能源消费的影响，通过匹配这些专利数据，利用这些行业专利，作者计算了 13 个行业的能源知识存量。分析表明，2/3 的能源消费相对于价格变化的变化是由于简单的价格诱导因子替代，而剩余的结果来源于诱导性技术创新。瑞川特和乌里德（Requate & Unold，2003）的研究结果表明，如果监管机构做出长期承诺的政策，但是不确定新技术是否能有效实施时，税收比许可证制度提供

了更强的激励效果。标准化的税收比许可证更具有强大的激励效果。布兰福德（Blanford，2009）通过数值分析结果表明，技术创新对于碳排放的约束是有效的，能够有效地减少碳排量。韦伯和诺伊霍夫（Weber & Neuhoff，2010）探讨了企业级的碳减排技术创新的最优总量管制和相关碳排放交易计划，结果表明，技术创新有效地降低了最佳排放量的上限，提高了效率。科尔等（Cole et al.，2012）发现技术创新投资是碳减排的主要影响因素。

孟卫军（2010）建立研发补贴博弈模型研究了产出溢出率、减排研发合作行为和最优补贴政策问题，结果表明，在补贴条件下，合作研发情形下的社会福利比不合作情形下要高。肖泽群等（2011）在内生增长模型中加入比例税率因素，求解结果表明，如果政府执行平衡预算，新增碳排放税全额用于低碳技术的创新投入和设备投入，则在一定范围内经济增长与比例税率、政府生产中间产品投入资本所占比例正相关。宋之杰和孙其龙（2012）以博弈模型为工具研究了减排视角下企业的最优研发与补贴问题，结果发现，适当的污染排放税收有利于企业研发投入和产量的提高，研发补贴不会对企业的研发投入产生挤出效应。孙亚男（2014）建立三阶段博弈模型分析了碳交易市场中的碳税策略，得出在碳交易价格和碳税税率不变的情况下，企业选择减排研发合作策略时的计划碳减排量高于选择竞争策略时的计划碳减排量等四个方面的结论。李冬冬和杨晶玉（2015）通过两阶段博弈模型构建研究了排污权交易条件下的最优减排研发补贴政策问题，结果表明，排污权的市场交易价格存在阈值效应，排污权交易条件下减排研发补贴政策具有较好的减排效果。刘晔和张训常（2017）以中国开展的碳排放交易试点为准自然实验，结果表明，碳排放交易试点政策能够提高处理组企业的研发投资强度，促使更多的企业愿意进行研发创新活动。

2.2.3　国内外研究现状简评

上述文献涉及技术创新、碳减排政策及其碳减排效应问题，对本书研究具有重要借鉴作用，但目前的研究也存在着一些不尽如人意之处。

第一，企业、产业层面的研究主要以博弈模型为分析工具，属于微观层次的局部均衡分析，难以考察减排政策的宏观经济效应，因而对国家碳减排政策制定的指导存在局限性。

第二，以 DICE/RICE 模型为基础的相关研究，尽管有小部分研究如陈然（2015）是从国家内部区域层次来进行的，但 DICE/RICE 模型的研究对象大多仍定位于"国家"层次，利用这一模型从一国内部区域层次（如我国各省区）来探讨碳减排问题的适用性需要做进一步研究。

第三，以 CGE 模型为基础的国内外相关研究，有的对技术进步、技术创新进行简单处理，如邓细林（2012）采用外生技术进步形式，有的未能对技术创新、碳减排政策及其碳减排效应放在统一框架下来分析，如肖皓等（2012）。因此有待于在一般均衡框架进一步认识技术创新、碳减排政策及其碳减排效应的传导机制问题。

根据对已有文献的进一步分析发现，国外在区域政策评价方面，已经出现由"区域"到"宏观"相互作用的综合性研究（孙建，2012）。"区域—宏观"综合性研究方法主要有两条主线，一是布拉德利等（Bradley et al.，2003）、德格雷夫等（De Graeve et al.，2008）提出的"宏观—区域评价方法（macro-regional evaluation）""微观—宏观方法（micro-macro approach）"方法，主要是利用宏观经济模型与其他局部均衡模型（如优化模型）的结合来评价区域政策对国家宏观经济的影响。瓦尔加（Varga，2007）利用这一方法研究了匈牙利发展政策对其宏观经济的影响。萨拉米等（Salami et al.，2009）利用这一方法评估了伊朗种植业旱灾成本，用线性规划模型评估了旱灾对农业的直接成本，用宏观计量经济模型评估了旱灾对宏观经济的间接效应。雷森迪（Resende，2014）分析了巴西东北地区基金（northeast regional fund）对企业就业和劳动生产率的影响（微观层面）和对人均 GDP 的影响（宏观层面）。罗比查德等（Robichaud et al.，2014）对公共教育对乌干达增长和穷困的研究也采用类似方法。

另一条主线是 DSGE 模型在环境政策领域的应用。DSGE 模型具有良好微观经济理论基础，清晰描述了微观经济主体最优决策行为和经济主体之间的关系（刘斌，2010），同时可以实现从微观行为到宏观行为的刻画，非常适合于冲击传导机制和政策模拟研究（杨晓光，2014）。博芬贝格和古尔德（Bovenberg & Goulder，2001）研究了不确定性条件下税收政策对环境治理的作用机制。麦肯齐和奥恩多夫（Mackenzie & Ohndorf，2012）研究了碳减排政策对环境质量的影响。肖红叶和程郁泰（2017）认为 DSGE 模型为环境政策效果事前测度与评价提供了可行解决方案，并从环境政策机制设计、污染影响路径与企业生产碳减排机制等四个方面总结了 DSGE 模型在环境政策方面的应用。因此，本书研究也从这两条主线来展开。

第3章 中国区域技术创新时空演变研究

3.1 引言

区域技术创新是推动地区经济持续、稳定、协调发展的关键，也是国家经济绿色健康发展的关键影响因素。在当今信息化科技化高速发展的时代，国家及地区创新能力的高低直接决定着未来在市场竞争中的成败。技术创新引起世界范围内的广泛关注，所以近年来国内外许多学者开始广泛关注于技术创新方面的研究，尤其是关于技术创新能力水平及其影响因素的研究是国内外学者研究的重点。贾菲（Jaffe，1989）认为，R&D 存量、劳动力、教育质量等所代表的人力资本是影响技术创新的关键因素。奥德雷希和费尔德曼（Audretsch & Feldman，1996）研究了创新、产出的地理位置和知识溢出的关系，发现产业 R&D、大学 R&D、技术工人是知识溢出的重要影响因素。安瑟林（Anselin，1988）运用知识生产函数对美国技术创新的影响因素进行实证分析，发现研究教育和科研投入对技术创新起到关键作用。斯德恩（Stern，2000）认为，R&D 资本存量，无论是来自于企业自身，还是政府的研发资本投入，都是影响技术创新最重要的因素。波德（Bode，2004）研究了德国区域知识溢出空间模式，发现知识溢出对区域知识生产具有重要影响，低强度 R&D 区域从知识溢出中受益较大，高强度 R&D 区域从知识溢出中的受益可以忽略不计。格伦茨（Greunz，2004）利用改进知识生产函数研究了欧洲区域内部、区域之间的知识溢出问题。卡斯泰拉奇和纳塔拉（Castellacci & Natera，2013）以创新投入、科技产出、技术产出表示创新能力，以基础设施、国际贸易、人力资本表示创新吸收能力，研究了 87 个国家 1980～2007 年的国家创新系统的动态性。

李晓钟和张小蒂（2007）认为，FDI对我国区域技术创新能力的影响程度取决于技术本身所属的原创层次、技术含量以及企业对外资的依赖吸收程度。张宗和和彭昌奇（2009）认为，中国区域技术创新二次产出存在多样化差异，R&D资本和人力投入在技术创新主体之间的配置以及创新主体的内外制度性因素对技术创新能力有重要影响。万勇（2009）认为，我国区域技术创新能力整体程度偏低，并呈现由东向西依次递减的情况，且各个区域间技术创新差距较大。万坤扬和陆文聪（2010）研究表明，R&D投入资本与企业研发相结合对区域技术创新具有显著贡献，是我国区域技术创新空间格局演变的最重要的影响因素；周边地区技术创新对本地区的技术创新具有正向的促进作用。刘伟和王宏伟（2011）发现，财政及金融创新支持、外商直接投资、地区经济的改善、人力资本等因素都对技术创新的差异性存在影响，其中研发投入的影响占比最重。王家庭（2012）认为，R&D经费投入、科研人员投入、政府区域优惠政策对区域技术创新有显著的正向推动作用，但R&D经费投入和科研人员投入的空间溢出效应存在微弱的负面效应。王锐淇（2012）研究表明，三种空间知识扩散渠道变量中，一地区周边地区的FDI和进出口贸易无论是区域间还是在区域内部的分析层面上均没有对本地的技术创新能力产生显著影响；在影响区域创新能力的传统变量中，全国总体以及大部分地区内部的技术市场活跃度，科技人员保有量和进出口贸易对区域整体技术创新能力有显著影响。葛俊和吴舟（2014）认为，企业研发资本投入、人力投入、资本结构、盈利能力、企业规模、政府支持力度等因素对企业的技术创新都存在正向影响。郭平和潘郭钦（2014）认为，利用外资对我国东中西部地区的技术创新都有显著的正向溢出效应，且西部尤为明显，东部次之，中部最差。同时发现，经济发展水平、贸易开放度、科研投入水平和人力资本对技术创新的影响也存在空间溢出效应。姚丽和谷国锋（2015）研究表明，区域技术创新影响因素存在空间溢出效应，且劳动力投入要素的产出弹性大于资本投入的产出弹性；且空间溢出效应会随着距离的增大而逐渐缩小。张娜等（2015）认为，研发经费投入是影响高技术产业创新能力提高的最主要因素；政府资金投入的过度增加却对创新产出起抑制作用；国有产权比重的增大也对技术创新起到显著的抑制作用；外商直接投资的技术溢出相比于国内的技术溢出对技术创新有更强的促进作用。鲁亚军和张汝飞（2015）认为，技术创新能力存在显著的正向相关性，且高校 R&D 投入对技术创新能力影响最为显著。石峰等（2016）研究表明，研发人员投入对区域技术创新有显著的促进作用，且在进口贸易中等省区市作用尤为突出；而 R&D 资本投入只有在进口贸易达到某一门槛值时，才对技术创新有促进作用。

上述相关研究，特别是最近几年的相关研究，大都利用空间计量经济模型解决了以往在研究技术创新影响因素时所用截面数据、经典面板数据没有考虑到空间效应的缺陷，在他们的计量经济模型中考虑了技术创新产出层面的空间效应，但在计量经济模型中没有深入考虑技术创新影响因素的空间效应问题。因此，本章利用既能考虑技术创新产出空间效应又能考虑技术创新影响因素空间效应的空间杜宾模型（DURBIN 模型）来进一步研究中国区域技术创新影响因素问题。与其他文献相比，本章研究主要有三个不同点：（1）现存大多数文献都采用的是空间滞后模型，无法对技术创新影响因素的空间效应进行准确的分析，而本章所采用的空间杜宾模型能够同时体现技术创新产出变量和影响因素变量的空间效应；（2）现有文献大多采用的是专利授权量或申请量来代表技术创新能力，这是一种流量，只计算了当期的专利数量没有考虑到专利的累积量也会对当前的技术创新产生影响，所以本章在描述区域技术创新能力时选取专利授权存量这一指标；（3）本章分析区域技术创新能力的空间差异性特征时，为寻求区域技术创新能力差异性的来源，利用空间基尼系数（Spatial GINI）将其分解为相邻区域与非相邻区域的差异，这在现有文献中是比较少有的。

3.2　技术创新指标选取

3.2.1　技术创新度量指标

张宗益等（2006）、王现忠（2015）、孙建和齐建国（2009）、孙建（2012b）对区域技术创新度量指标进行了较为详细的分析，许多相关研究在表示区域技术创新投入要素时，一般使用研发经费和研发人数这两项指标。

区域技术创新产出指标主要用来反映区域技术创新活动的研究成果，通常用年申请或授权专利数量来衡量。根据贾菲等（Jaffe et al.，1993）、阿科施等（Acs et al.，2002）、王宇新和王立平（2010）、张宗和和彭昌奇（2009）等的研究，本章选用专利申请授权量这一指标来代表区域技术创新产出。

区域技术创新能力是对一个地区技术发展状况的综合反映，具有持续性积累特性，反映的是一种存量水平，同时区域技术创新能力是一个能力组合的概念（付辉辉，2008）。邵云飞等（2011）指出，专利存量受惯性的影响作用，且从量化的角度表明了创新活动与文化传统和积累也有很大关系，新专利的发明与申请主要依靠专利存量的积累，由此可知专利存量不仅可以代表专利的已有数量，还可以进一步衡量进行新的技术创新的有利条件的大小，可以更好地反映技术创新能力。考虑到本章数据核算的便捷性及参考黄林甫等（2011）、郑贵忠（2011）、张静和王宏伟（2017）等研究，本章将区域专利授权存量作为区域技术创新能力的代理指标。

根据邓明和钱争鸣（2009）专利授权存量的计算方法如下：

$$A_t = (1 - \lambda)A_{t-1} + P_{t-1} = \cdots = (1 - \lambda)^t A_1 + \sum_{}^{t-1} (1 - \lambda)^{i-1} P_{t-i} \quad (3.1)$$

式（3.1）中 λ 为折旧率，按邓明和钱争鸣（2009）的研究，λ 取值为0.0714；A_t 表示第 t 年的专利授权存量；A_1 表示基年的专利授权存量，其计算方式如式（3.2）：

$$A_1 = P_1/(\lambda + g) \quad (3.2)$$

式（3.2）中 g 为各年份专利授权量的年均增长率的算术平均值。由式（3.1）、式（3.2）可计算出区域每年的专利授权存量。

3.2.2 样本数据

由于重庆在1997年被设为直辖市，为使数据统计口径一致，本章选取1998～2014年为研究时间段，并且因为西藏和中国台湾地区的部分年度数据缺失，对其做加权平均所得结果也与周边地区甚至全国差距较大，故将其剔除。所以本章选取除西藏、中国台湾地区以及香港和澳门特别行政区以外的全国30个省区市的相关数据，所需数据全部来源于《中国统计年鉴》（1999～2015）、《中国科技统计年鉴》（1999～2015）、《中国劳动统计年鉴》（1999～

2015)、《中国对外经济统计年鉴》（1999～2015）以及国家统计局和各省区市统计年鉴。其中 2000 年就业人员的平均受教育年限由于数据缺失，本章对其做了线性预测估计。

3.3　区域技术创新空间相关性分析

3.3.1　空间相关分析法

一般而言，在利用空间计量经济模型进行回归分析前，首先要对变量进行空间自相关性检验，如果变量空间相关性显著，则应该运用空间计量经济模型，否则就应该运用经典计量经济模型。空间相关性通常采用的检验方法为莫兰检验法，本章也将采用此种方法，分别进行全域性与局域性的空间自相关检验。

（1）全域空间自相关检验：莫兰指数。全域空间自相关检验是从整个区域角度来检验区域属性的空间分布特征，用以说明整个区域与邻近区域之间是否存在空间相关性，莫兰指数的计算公式为：

$$MoranI = \frac{\sum_{i=1}^{n} \sum_{j=1}^{n} W_{ij}(x_i - \bar{x})(x_j - \bar{x})}{S^2 \sum_{i=1}^{n} \sum_{j=1}^{n} W_{ij}}$$

$$S^2 = \frac{1}{n} \sum_{i=1}^{n} (x_i - \bar{x})$$

$$\bar{x} = \frac{1}{n} \sum_{j=1}^{n} x_i \tag{3.3}$$

式（3.3）中，n 表示地区总数，W_{ij} 表示空间权重矩阵，用来表示区域之间的邻接关系，x_i 为第 i 个地区的某项指标（如上文讨论的技术创新有关变量）。$\bar{x}$ 表示该项指标平均值。莫兰指数 Moran I 的取值范围是（-1，1），当 Moran I < 0 时，表示该项指标在整个区域范围内存在空间负相关，此时 Moran I 值越小，表明各地区之间的指标差异性越大；Moran I > 0 表明各地区该项指标存在空间正相关，且 Moran I 值越大说明各地区之间的指标空间差异性也越大；Moran I = 0 时则说明各地区指标之间不存在空间相关性。

（2）局域空间自相关检验：莫兰散点图。莫兰散点图用于探寻全域的空间自相关在多大程度上掩盖了局部的不稳定性，可以反映研究区域内每个空间单位与其相临近单位的同一指标的空间异质性程度。莫兰散点图有四个象限，分别是：第一象限代表高—高，是指具有较高指标的某一地区其临近区域也都是具有较高的指标；第二象限代表了低—高，指某一地区指标较低但其周边临近地区该项指标则较高；第三象限代表低—低，指某一地区指标较低其周边临近地区该项指标也较低；第四象限代表了高—低，指某一地区指标水平较高但其周边临近地区的该项指标水平则较低。

3.3.2　测算结果分析

运用 Stata 软件对区域技术创新能力①等变量进行全域及局部的空间自相关性检验；考虑到解释变量可能存在的空间相关性，本章同时选取了技术创新影响因素中的人均 GDP 进行了全局相关性检验，计算结果如表 3 - 1 和表 3 - 2 所示。

表 3 - 1　　　　　　　　人均国内生产总值（人均 GDP）的莫兰指数

年份	莫兰指数	莫兰指数标准差	Z 值	P 值
1998	0.330	0.104	3.494	0.000
1999	0.352	0.110	3.530	0.000
2000	0.375	0.110	3.722	0.000
2001	0.384	0.111	3.755	0.000
2002	0.391	0.112	3.789	0.000
2003	0.400	0.113	3.830	0.000
2004	0.406	0.114	3.850	0.000
2005	0.411	0.115	3.862	0.000
2006	0.420	0.116	3.907	0.000
2007	0.422	0.117	3.902	0.000
2008	0.423	0.118	3.878	0.000

---

①　这里用区域人均专利授权存量来表示。

续表

年份	莫兰指数	莫兰指数标准差	Z 值	P 值
2009	0.421	0.119	3.830	0.000
2010	0.414	0.120	3.752	0.000
2011	0.402	0.120	3.640	0.000
2012	0.392	0.120	3.549	0.000
2013	0.382	0.120	3.462	0.001
2014	0.374	0.120	3.391	0.001

资料来源：作者测算。

表 3 - 2　　　　　　　　　人均专利授权存量莫兰指数

年份	莫兰指数	莫兰指数标准差	Z 值	P 值
1998	0.353	0.121	3.213	0.001
1999	0.352	0.121	3.201	0.001
2000	0.351	0.121	3.192	0.001
2001	0.345	0.121	3.143	0.002
2002	0.338	0.121	3.076	0.002
2003	0.333	0.121	3.032	0.002
2004	0.326	0.121	2.968	0.003
2005	0.315	0.122	2.873	0.004
2006	0.306	0.122	2.798	0.005
2007	0.294	0.122	2.688	0.007
2008	0.287	0.122	2.626	0.009
2009	0.282	0.123	2.584	0.01
2010	0.29	0.123	2.647	0.008
2011	0.298	0.123	2.703	0.007
2012	0.321	0.123	2.889	0.004
2013	0.335	0.123	3.003	0.003
2014	0.339	0.123	3.032	0.002

资料来源：作者测算。

　　由表 3 - 1 和表 3 - 2 可看出，在 5% 的显著性水平下，所有的莫兰指数值都通过了检验，说明区域人均 GDP、技术创新能力都存在着显著的空间相关性。

人均 GDP 的莫兰指数总体上显现出先增加后减少的倒"U"形曲线态势，人均专利授权存量莫兰指数总体上显现出先减少后增加的"U"形曲线态势。为了得到更具体的区域技术创新能力的局部差异性，随后进行了局域自相关检验，分别做了 1999 年、2008 年、2014 年的莫兰散点图，结果如图 3 - 1~图 3 -3 所示。

从图 3 -1 中可看出，1999 年大多数区域集中在第一象限（高—高）和第三象限（低—低）内。位于第一象限内的区域集中于东部地区和东北地区，东部地区包括：北京、天津、辽宁、上海、江苏、浙江、福建；东北地区包括辽宁、吉林、黑龙江。这些区域的技术创新能力存在着高—高的空间正相关性，表明技术创新能力水平高的省区市被其他技术创新能力水平高的省区市所包围，即具有较高技术创新能力的省区市相对趋于和较高的技术创新能力的省区市靠近。位于第三象限（低—低）的区域大多集中于西部地区，少数集中于中部地区，分别是四川、重庆、贵州、云南、陕西、甘肃、青海、宁夏、新疆、山西、河南、湖北、湖南。这些区域的技术创新能力则存在着低—低的空间正相关性，表明技术创新能力低的省区市被同样技术创新能力低的省区市包围。

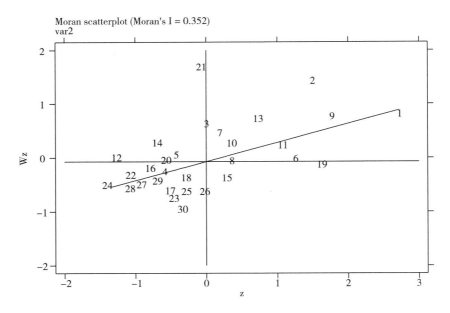

图 3 -1　1999 年区域技术创新能力散点

资料来源：作者绘制。

　　从图3-2可以看出，2008年大多数区域主要集中于第一象限与第三象限内，且集中于第一象限的主要仍是东部地区的省区市，集中于第三象限的仍然主要是西部地区的省区市，情况同1999年相类似。集中于第一象限的区域有北京、天津、吉林、上海、江苏、浙江、福建，这些区域技术创新能力存在高—高的正相关性。与1999年情况有所不同的是，此时辽宁、黑龙江已由高—高的第一象限变动到高—低的第四象限。位于第二象限的区域有河北、安徽、江西、海南，这些区域的技术创新能力存在低—高的正相关，表明技术创新能力低的省区市被技术创新能力高的省区市所包围。位于第三象限的是四川、贵州、云南、陕西、甘肃、青海、宁夏、新疆、内蒙古、山西、河南、湖北、湖南，这些区域的技术创新能力存在低—低的空间正相关。与1999年有所不同的是，重庆市不在第三象限内，而是位于第四象限。位于第四象限的省区市有辽宁、黑龙江、山东、重庆、广东，这些区域存在着技术创新能力高—低的正相关，表明技术创新水平高的省区市被技术创新能力低的省区市所包围。总体来说，相比1999年，空间差异性分布更加明显。

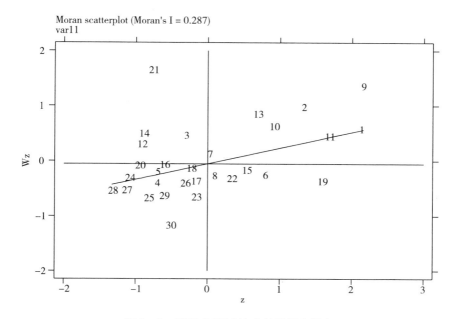

图3-2　2008年区域技术创新能力散点

资料来源：作者绘制。

从图3-3可看出，2014年大多数区域仍集中于第一象限和第三象限。位于第一象限的省区市有北京、天津、上海、江苏、浙江、福建、山东、安徽。位于第二象限的有河北、江西、河南、海南。位于第三象限的有山西、内蒙古、湖南、吉林、广西、贵州、云南、甘肃、青海、宁夏、新疆。位于第四象限的有辽宁、黑龙江、重庆、四川、广东。相比1999年和2008年，2014年与其情况相类似，东部地区主要集中于高—高的第一象限，西部地区主要集中于低—低的第三象限。不同的是东北三省不再位于第一象限内，其中吉林位于第三象限，辽宁、黑龙江位于第四象限；而重庆、四川近几年发展较好，已由第三象限移动到第四象限。2014年技术创新能力的空间分布特征相比1999年和2008年更加明显。

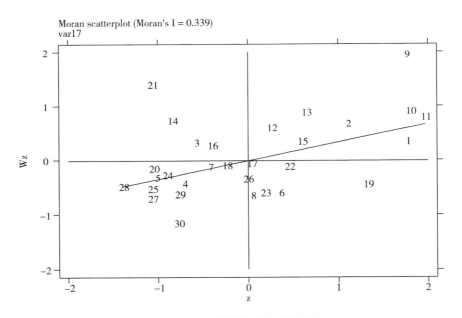

图3-3　2014年区域技术创新能力散点

资料来源：作者绘制。

3.4　区域技术创新空间差异性分析

基尼系数最早是由意大利统计学家基尼为研究收入分配的平等程度根据

洛伦兹曲线提出来的，随后克鲁格曼在此基础上建立了空间基尼系数，国内外许多学者将其应用领域扩展到企业集中度、产业集聚等空间差异性分析方面，但克鲁格曼提出的空间基尼系数没有对差异来源进行分解分析。近几年来一些学者为找出所研究问题差异性的来源，运用不同的算法对空间基尼系数进行分解。本章参考雷伊和史密斯（Rey & Smith，2012）方法对区域技术创新的空间差异性进行分解分析。雷伊和史密斯提出的空间基尼系数及其分解公式如下：

$$G = \frac{\sum\limits_{i=1}^{n} \sum\limits_{j=1}^{n} w_{ij} \mid x_i - x_j \mid}{2n^2 \, \overline{x}} + \frac{\sum\limits_{i=1}^{n} \sum\limits_{j=1}^{n} (1 - w_{ij}) \mid x_i - x_j \mid}{2n^2 \, \overline{x}} = G_1 + G_2 \quad (3.4)$$

式（3.4）中，x 表示区域某项指标（如上文提到的区域人均 GDP）；n 为区域个数；w 为标准化空间权重矩阵；G_1 表示相邻区域空间基尼系数；G_2 表示非相邻区域空间基尼系数；G 表示全局基尼系数。

对区域技术创新空间差异性分析选取的指标是区域专利授权存量，结果如表 3 - 3 所示。贡献率表示非相邻区域基尼系数占全局基尼系数的比例。由表 3 - 3 可看出，相邻区域的空间基尼系数值取值都在 0.0061 ~ 0.0079 范围内，取值是非常小的，说明相邻区域技术创新能力的空间差异性几乎不存在，相邻省区市之间的技术创新能力水平基本达到均等化，其原因可能是因为区域与其周边邻近区域之间存在着知识溢出所导致的；在 1998 ~ 2014 年这一时间段内相邻区域空间基尼系数值波动幅度很小，基本保持不变，表示最近十几年来相邻省域之间的技术创新能力均等度基本保持稳定。全局基尼系数的取值都在 0.0788 ~ 0.0966 的范围内，比相邻区域的基尼系数平均扩大了 10 倍多，说明从全国整体角度来看，区域技术创新能力存在一定的空间差异性，但这种空间差异性程度在 1998 ~ 2014 年的十几年的时间段内基本保持不变，变化幅度很小。非相邻区域的空间基尼系数的取值都在 0.0727 ~ 0.0888 的范围内，其小数基点与全局基尼系数相同，比相邻区域的基尼系数扩大 10 倍，说明非相邻省域间的技术创新能力存在一定的空间差异性，这也与莫兰散点图检验的结果（东部地区与西部地区之间的技术创新能力存在很大的差距）相互一致；并且非相邻区域基尼系数的贡献率都在 90% 以上且有小幅上升的趋势，说明我国区域技术创新能力的空间差异性主要来自非相邻省域间的技术创新能力的差距，并且其影响程度越来越大。

表 3-3　　　　　　　　　区域技术创新能力空间基尼系数

年份	全局基尼系数	相邻区域基尼系数	非相邻区域基尼系数	显著性	贡献率
1998	0.0870	0.0073	0.0797	0.02	0.9161
1999	0.0811	0.0069	0.0742	0.04	0.9149
2000	0.0805	0.0067	0.0738	0.03	0.9168
2001	0.0831	0.0069	0.0761	0.02	0.9158
2002	0.0917	0.0074	0.0843	0.01	0.9193
2003	0.0921	0.0074	0.0847	0.02	0.9197
2004	0.0931	0.0076	0.0855	0.01	0.9184
2005	0.0966	0.0078	0.0888	0.01	0.9193
2006	0.0954	0.0079	0.0875	0.01	0.9172
2007	0.0923	0.0075	0.0848	0.03	0.9187
2008	0.09200	0.0076	0.0844	0.02	0.9174
2009	0.0896	0.0073	0.0823	0.01	0.9185
2010	0.0914	0.0073	0.0841	0.01	0.9201
2011	0.0911	0.0070	0.0841	0.01	0.9232
2012	0.0873	0.0067	0.0806	0.01	0.9233
2013	0.0826	0.0065	0.0761	0.02	0.9213
2014	0.0788	0.0061	0.0727	0.02	0.9226

资料来源：作者测算。

注："显著性"为非相邻区域基尼系数的 P 值，"贡献率"为非相邻区域空间差异性的贡献率。

3.5　区域技术创新内生俱乐部收敛性分析

关于收敛性问题的研究最早是从拉姆齐（Ramsey）对区域经济收敛的研

究中开始的①。目前，对国家、区域技术创新收敛问题的研究已经成为区域收敛研究过程中的一个重要方面。帕特尔和帕维特（Patel & Pavitt, 1994）对OECD国家技术积累的不均衡性和发散性问题进行了研究，结果发现，国际化的公司并没有减弱OECD国家的技术差异。雷（Lei, 2000）研究了产业部门技术收敛发生的条件。弗曼等（Furman et al., 2002）研究表明，过去25年中OECD国家技术创新能力存在收敛现象。朗德和胡塞尔（Rondé & Hussler, 2005）通过对知识生产函数的估计，分析了法国制造业区域创新水平的影响因素。松密塔格（Jungmittag, 2006）发现，在欧盟15个国家中国家技术创新能力不存在绝对收敛，但存在条件收敛。阿玛亚（Amaia, 2010）利用多因素分析方法研究欧盟15个成员国是否存在创新收敛问题，结果表明，成员国制造业的创新存在一定程度的收敛现象。戈尼和马洛尼（Goñi & Maloney, 2017）利用全球研发支出面板数据研究了贫穷国家和富裕国家创新收敛发散问题。陈向东和王磊（2007）研究发现，1996～2005年我国东、中、西部三大区域之间技术创新没有呈现显著的俱乐部收敛特征。孙建和齐建国（2009）的实证结果表明，中国区域创新存在着以人力资本为门槛的俱乐部收敛现象。孙建（2010b）研究了中国区域技术创新能力收敛性问题。孙建（2011）在利用Getis空间过滤技术消除样本数据的空间相关性后，发现中国区域创新存在着三大俱乐部收敛现象。曹东坡（2013）认为，中国区域技术创新存在以FDI为条件的俱乐部收敛特性。尹方敏（2016）发现，我国省际工业企业技术创新能力的发展有收敛的趋势。

分析上述国内有关技术创新俱乐部收敛文献，从研究方法上来看存在着不足，即未能同时处理样本空间相关性和俱乐部内生性问题。在区域技术创新俱乐部收敛研究中，收敛俱乐部一般是通过外生给定的方式来确定的，对收敛俱乐部如何内生确定一直是一个未能很好解决的问题（孙建，2015b）。孙建和齐建国（2009）的研究考虑了内生俱乐部这一问题，但没有考虑变量的空间相关性问题。孙建（2011）的研究考虑到了这两个问题，但模型损失了样本数据的空间相关性。因此，本章从这两个角度出发，在孙建和齐建国

---

① 参见孙建. 基于SEVM的中国区域技术创新内生俱乐部收敛研究［J］. 华东经济管理，2015，（03）：63－66.

（2009）理论分析的基础上，利用门槛面板回归模型和 SEVM 空间过滤方法，构建了一个既可以处理变量空间相关性又可以同时处理内生俱乐部收敛的计量模型。SEVM 空间过滤方法的使用大大提高了经典计量经济模型处理数据空间相关性的能力，为相关研究提供一个新的分析思路。

3.5.1 空间过滤模型

（1）基本模型及样本数据。孙建和齐建国（2009）的研究中包含区域技术创新人力资本积累的跨期世代交叠模型，从理论上说明区域技术创新过程存在着以人力资本为门槛的俱乐部收敛特性。根据经济增长收敛研究的一般方法，本章用于分析中国区域技术创新俱乐部收敛的基本模型设定如下：

$$\log(P_{it}/P_{it-1}) = \alpha + \beta RD_{it-1} + \gamma_1 P_{it-1} I(H_{it} \leq TQ) + \gamma_2 P_{it-1}(H_{it} > TQ) + \varepsilon_{it}$$

$$(3.5)$$

式（3.5）中，P 表示区域技术创新产出，本节用区域每万名科技活动人员所拥有的专利授权量来表示（孙建，2010）；RD 表示区域科技经费投入强度，用区域科技经费支出总额占区域生产总值的比例来表示[①]，并假定研发投入与产出的滞后期为 1 年［波德（Bode），2004；苏方林，2009］；H 表示区域从事 R&D 活动人力资本，用区域每平方公里科学家工程师人数来表示。所有数据来自中国资讯行《中国科技统计年鉴 1998～2013》，西藏数据缺失较多，不包括在样本内。

（2）空间相关性度量。检验数据空间相关性一般用莫兰（1950）提出的空间自相关指数。对于存在显著空间相关性的空间数据，传统的回归模型和统计技术不再有效。从统计分析的观点来看，空间相关由于会使标准统计量，例如方差或 OLS 估计量出现偏差从而使传统统计方法在分析具有空间相关特性的变量时出现问题［帕图埃利等（Patuelli et al.），2011；孙建和吴利萍，2012；柴泽阳等，2016］。为了使计量经济模型得到有效的参数估计结果，必须正确处理样本数据的空间相关性问题。

根据帕图埃利等（Patuelli et al.，2011）、迪尼兹·菲尔霍等（Diniz – Fil-

---

① 本节没用研发强度指标是因为我国区域研发经费数据时间序列较短，而有关区域收敛的研究显然是一个时间跨度较大的问题。

ho et al.，2009）、鲍卡德等（Borcard et al.，2004）等的研究，用来捕捉样本数据空间相关性的计量经济模型设定如下[①]：

$$\log(P_{it}/P_{it-1}) = \alpha + \beta RD_{it-1} + \gamma G_{it} + \gamma_1 P_{it-1}I(H_{it} \leq TQ) + \gamma_2 P_{it-1}(H_{it} > TQ) + \varepsilon_{it} \tag{3.6}$$

式（3.6）中，G 是表示样本数据空间相关性的一个变量。G 的形式较多，一般有三种：第一，用研究对象的空间坐标表示空间相关效应，称为趋势表面分析（trend surface analysis，TSA）［勒让德（Legendre），1998］；第二，用变量空间滞后项来捕捉空间相关效应，如 $G = \rho \cdot W \cdot \log(P_{it}/P_{it-1})$ 或 $G = \rho_1 \cdot W \cdot \log(P_{it}/P_{it-1}) + \rho_2 \cdot W \cdot P_{it-1}$ 等，此种形式就是空间面板计量经济模型测量空间相关效应的常见形式［埃洛斯特（Elhorst），2010］；第三，用表示研究对象之间相关关系的空间权重矩阵的特征向量来表示空间相关效应，称为空间特征向量映象法（spatial eigenvector mapping，SEVM）或 SEVM 空间过滤法［帕图埃利等（Patuelli et al.，2011）］。

SEVM 空间过滤法中的特征向量抽取自莫兰指数计算过程中的矩阵 $\Omega = (1 - ll^T/n)W(1 - ll^T/n)$，其中 I 是 $n \times n$ 阶单位矩阵，l 为所有元素为 1 的 $n \times 1$ 向量，W 为 $n \times n$ 阶空间权值矩阵，表示空间对象的相互邻接关系。德雷等（Dray et al.，2006）、帕图埃利等（Patuelli et al.，2011）的研究证明，矩阵 Ω 的 n 个特征向量描述了可能的相互正交和无关的空间模式，可以用来表示空间自相关的正负属性和程度。较小特征值对应的特征向量具有较小的空间效应，因此特征向量有个选择标准。

在德雷等、帕图埃利等的截面研究中，被解释变量、解释变量对正特征值对应的特征向量各自分别作 OLS 回归，根据如下步骤（3）中三个条件选择特征向量，将选出的特征向量再放入截面模型中作为解释变量就能保证 OLS 回归残差不存在空间相关性。本节认为这个过程过于烦琐，因此做了改进。因为截面 OLS 回归的最终目的是要消除截面 OLS 残差项的空间相关性，所以只需把特征向量的线性组合作为一个解释变量放入模型中就可以实现这一目的。因此 G 的构成如下（以样本 2000 年为例）：

---

①　实质上是保证模型残差项无空间相关性从而保证残差项无空间（截面）相关性假设不被违背。

（1）变量 P 的莫兰指数为 0.33，相应概率为 0.011，说明在 10% 的显著性水平下，变量 P 具有空间相关性，利用式（3.6）的非门槛截面形式的计量经济模型残差中必然带有空间相关性从而模型违反无相关性的假设；

（2）对计算变量 P 的莫兰指数过程中的矩阵[①]进行特征向量分解，得到 14 个具有正特征值的特征向量[②]；

（3）对 2000 年样本，对模型 $\log(P/P_{-1}) = \alpha + \beta \cdot RD_{-1} + \gamma \cdot P_{-1} + \lambda_i \cdot E_i + \varepsilon$ 应用 OLS 估计，E 为特征向量，在显著性水平为 10%、AIC 准则及截面模型残差没空间相关性三重约束下，对 14 个特征向量进行逐步回归，发现特征向量 E_1、E_6 满足条件；

（4）将满足（3）中三个条件的特征向量的线性组合（$\hat{\lambda}_1 \cdot E_1 + \hat{\lambda}_6 \cdot E_6$）作为消除模型 OLS 残差项空间相关性的代理变量；

（5）对每一年样本进行同样处理，将特征向量的线性组合作为面板模型中的一个"人工变量"SF，下文称作空间因子。这样就能保证模型（3.6）中残差项不违反空间相关性的假定。因此本章最终使用的计量经济模型如式（3.7）所示：

$$\log(P_{it}/P_{it-1}) = \alpha + \beta RD_{it-1} + \lambda_1 SF_{it} I(H_{it} \leq TQ) + \lambda_2 SF_{it} I(H_{it} > TQ)$$
$$+ \gamma_1 P_{it-1} I(H_{it} \leq TQ) + \gamma_2 P_{it-1}(H_{it} > TQ) + \varepsilon_{it}$$

$$(3.7)$$

3.5.2 实证结果分析

表 3 - 4 是式（3.7）中部分解释变量、截面 OLS 残差、特征向量 E_i 和空间因子 SF 的莫兰指数和相伴概率情况。由表 3 - 4 可知，区域技术创新产出 P 在 10% 的显著性水平下存在着正自空间相关性。对每一年的样本进行 SEVM 空间过滤以后，截面 OLS 回归残差项不存在空间相关性（表 3 - 4

---

① 空间权重矩阵采用邻接矩阵（connectivity matrix），按相对邻近标准（relative neighbourhood）由各省区市行政中心经纬度生成，由 R 程序、MATLAB 程序完成。

② 研究对象为中国 30 个省份，所以空间权重矩阵为 30×30 的矩阵，应有 30 个特征向量，这里只取特征值为正对应的 14 个特征向量。参见 Dray, S., et al.（2006）、Griffith, D. A., Peres - Neto, P. R.（2006）、Patuelli, R., et al.（2011）。

第 3 列残差莫兰指数），而且所抽取的特征向量及其组合的空间相关性为正且都非常显著，说明变量 SF 较好地捕捉了样本数据存在的空间相关性。

表 3 - 4　　　　　　　　　　　　变量空间相关性检验结果

年份	区域技术创新产出 P 的莫兰指数（相伴概率）	残差莫兰指数（相伴概率）	特征向量 E_i 的莫兰指数（相伴概率）	空间因子 SF 的莫兰指数（相伴概率）
1997	0.310(0.036)	− 0.070(0.806)	E1 0.980（<0.001） E6 0.650（<0.001）	0.86（<0.001）
1998	0.370(0.014)	− 0.010(0.869)	E8 0.520（<0.001）	0.52（<0.001）
1999	0.340(0.019)	− 0.250(0.159)	E10 0.370(0.010)	0.37(0.010)
2000	0.330(0.011)	− 0.080(0.794)	E1 0.980（<0.001）	0.92（<0.001）
2001	0.500（<0.001）	0.180(0.157)	E40.760（<0.001）	0.76(0.001)
2002	0.480（<0.001）	− 0.080(0.767)	E3 0.930（<0.001）	0.93（<0.001）
2003	0.460(0.001)	− 0.230(0.207)	E5 0.680（<0.001） E6 0.650（<0.001） E8 0.520（<0.001）	0.65（<0.001）
2004	0.490（<0.001）	− 0.180(0.326)	E1 0.980（<0.001）	0.98（<0.001）
2005	0.370(0.007)	0.020(0.713)	E4 0.760（<0.001） E8 0.520（<0.001）	0.70（<0.001）
2006	0.280(0.036)	− 0.050(0.893)	E7 0.580（<0.001）	0.58（<0.001）
2007	0.290(0.03)	− 0.110(0.619)	E1 0.980（<0.001） E9 0.480（<0.001）	0.70（<0.001）
2008	0.172(0.058)	− 0.116(0.222)	E1 0.988(0.012) E12 0.213(0.081)	0.349(0.017)
2009	0.176(0.007)	− 0.100(0.580)	E1 0.989(0.013) E12 0.203(0.049)	0.625（<0.001）
2010	0.171(0.012)	− 0.03(0.923)	E1 0.989 (0.013) E4 0.769(0.072)	0.517（<0.001）
2011	0.158(0.015)	− 0.059(0.823)	E1 0.986(0.012)	0.301(0.033)
2012	0.139(0.011)	− 0.020(0.762)	E4 0.493(0.082)	0.401(0.021)

資料来源：作者测算。

表3-5是经典条件收敛模型①未考虑空间相关性时的估计结果。表3-6是经典条件收敛模型考虑了变量空间相关性后的估计结果。比较表3-5和表3-6，可知经过空间过滤处理以后，模型整体解释能力增强了（F值），且各解释变量的显著性程度也有所提高（T值）。从估计结果来看，在5%的显著性水平下，F值及其P值说明，模型总体解释能力较好。解释变量区域科技经费投入强度 RD_{it-1} 的系数为0.1173，说明其对区域技术创新增长具有正向促进作用，T值或P值说明其在统计上相当显著；解释变量区域技术创新产出 P_{it-1} 的系数为 -0.0002，确认了中国区域技术创新的条件收敛特性，T值或P值说明了其在统计上的显著性。空间因子 SF_{it} 的系数为0.9017且在统计上相当显著，说明区域技术创新的空间相关性对中国区域技术创新收敛起到了非常大的促进作用。

表3-5 未考虑空间相关性时条件收敛模型参数估计

解释变量	系数	标准差	T统计值	P值	F统计值	P值
区域科技经费投入强度 RD_{it-1}	0.1357	0.0233	5.8200	0.0000	19.9900	0.0000
区域技术创新产出 P_{it-1}	-0.0003	0.00000	-5.5300	0.0000		

资料来源：作者测算。

表3-6 考虑空间相关性时条件收敛模型参数估计

解释变量	系数	标准差	T统计值	P值	F统计值	P值
区域科技经费投入强度 RD_{it-1}	0.1173	0.0218	5.3800	0.0000		
区域技术创新产出 P_{it-1}	-0.0002	0.0000	-4.8100	0.0000	29.4000	0.0000
空间因子 SF_{it}	0.9017	0.1390	6.4900	0.0000		

资料来源：作者测算。

表3-7列出门槛个数检验结果，F 是统计值，P 值是重复抽样1000次后计算得到的概率值。显然，可以在5%的显著性水平下拒绝"无1个门槛"

①　经检验，所有面板模型均用固定效应形式。

"无 2 个门槛"的原假设，而接受"无 3 个门槛"的原假设，说明样本存在 2 个门槛值。其估计值如表 3 – 8 所示。表 3 – 8 给出了门槛估计值的有关统计特征。

表 3 – 7　　　　　　　　　　　　门槛个数检验

统计量	无 1 个门槛	无 2 个门槛	无 3 个门槛
F 值	19. 110	18. 757	3. 514
P 值	0. 010	0. 080	0. 837
临界值(5%)	13. 271	13. 777	11. 510

资料来源：作者测算。

表 3 – 8　　　　　　　　　　　　门槛值估计

门槛变量	估计值	95% 置信区间
区域 R&D 人力资本 H	14. 850	[11. 0903, 18. 8439]
区域 R&D 人力资本 H	118. 015	[35. 0933, 381. 5270]

资料来源：作者测算。

表 3 – 9 列出在样本存在两个门槛值的情况下模型（3.7）的参数估计。变量 RD_{it-1} 的系数为 0. 1069，表明科技经费投入强度对创新增长有正向促进作用，T 值为 8. 2787，说明其对创新增长的作用在统计上相当显著。再来分析变量 P_{it-1}，当门槛变量人力资本（H）的取值小于门槛值：$H = 14. 850$ 时，P_{it-1} 的系数为 – 0. 0004，并且在统计上相当显著，说明此时我国区域创新存在着较强的收敛趋势。变量 SF_{it} 的系数为 1. 3836 且在统计上相当显著，表明空间相关性对创新增长有正向促进作用；当 $14. 850 \leqslant H < 118. 015$，$P_{it-1}$ 的系数为 – 0. 0003，说明此时我国区域创新同样存在着收敛趋势，并且收敛速度明显加快，从其 T 值来看，此时的收敛效应在统计上也是显著的。变量 SF_{it} 的系数为 1. 3074 且在统计上相当显著。

表 3 – 9 门槛模型回归系数

解释变量	系数	标准差	T 统计值	P 值
区域科技经费投入强度 RD_{it-1}	0.1069	0.0207	8.2787	0.0000
区域技术创新产出 P_{it-1} ($H < 14.850$)	– 0.0004	0.0001	– 4.6858	0.0000
空间因子 SF_{it} ($H < 14.850$)	1.3836	0.1921	7.2045	0.0000
区域技术创新产出 P_{it-1} ($14.850 \leqslant H < 118.015$)	– 0.0003	0.0001	– 3.4033	0.0008
空间因子 SF_{it} ($14.85 \leqslant H < 118.015$)	0.4186	0.1501	2.7884	0.0056
区域技术创新产出 P_{it-1} ($H \geqslant 118.015$)	– 0.0002	0.0000	– 4.2166	0.0000
空间因子 SF_{it} ($H \geqslant 118.015$)	1.3074	0.4608	2.8371	0.0049

资料来源：作者测算。

人力资本变量存在两个门槛值，从而将样本分成三个部分，可以分别称为人力资本低强度区域、中强度区域和高强度区域。低强度区域包括甘肃、青海、新疆等省份，中强度区域包括河北、河南、湖北、重庆、四川、云南等省份，高强度区域包括北京、天津、山东、上海等省份。对高强度区域 R&D 人力资本的统计分析表明，各区域研发人力资本 H 的离差较小，说明人力资本高强度区域内部存在着非常明显的追赶效应（即区域每万平方千米科学家工程师人数比较接近）。对低强度区域 R&D 人力资本的统计分析表明，该区域的追赶效应不明显（即区域每万平方千米科学家工程师人数差距较大）。

3.6　区域技术创新影响因素分析

本节参考余秀江等（2010）、栾殿飞等（2013）、王宇新和姚梅（2015）等研究，区域技术创新影响因素着重考虑六个因素。

第一个因素是研发经费投入。在大多数文献中都采用 R&D 经费支出来表示，这一指标存在通货膨胀等货币价值变动因素、宏观经济或政策变化而导致的 R&D 支出的大幅波动无法被剔除的缺陷。因此本节采用人均 R&D 资本存量（以 1997 年为基期），用计算的 R&D 资本存量除以总人口这一指标来表示研发投入。其中 R&D 资本存量根据吴延兵（2006）采用永续盘存法进行处理，计算方法如下：

$$K_t = E_{t-1} + (1 - \delta)K_{t-1} \tag{3.8}$$

$$EPI = \alpha \times CPI + (1 - \alpha) \times IFAPI \tag{3.9}$$

$$K_0 = E_0/(g + \delta) \tag{3.10}$$

式（3.8）~式（3.10）中，K_t 表示第 t 年的 R&D 资本存量；E_{t-1} 表示第 $t-1$ 年的 R&D 经费支出；δ 为 R&D 资本存量的折旧率，根据大多数文献（吴延兵，2006）其取值为 15%；EPI 为 R&D 资本支出价格指数，用于计算 R&D 资本的实际支出，即作为 R&D 支出的平减指数；CPI 为消费价格指数；$IFAPI$ 为固定资产投资价格指数；α 为权重系数，其取值为 0.55；K_0 表示基期 R&D 资本存量；E_0 为基期 R&D 经费支出；g 为 R&D 实际支出的年增长率的算术平均值。

第二个因素是研发人员投入，采用研发人员全时当量这一指标来衡量创新活动中研发人员投入量（刘明广，2013）。

第三个因素是教育程度，即地区人力资本存量（白俊红等，2009）。参考杜伟等（2014）研究，人力资本存量共有三种核算方法，但最常用的是教育指标法，本节采用就业人员平均受教育年限来衡量区域人力资本存量。

第四个因素是外资投入，即外商直接投资，采用外资依存度这一指标，即用 FDI 占 GDP 的比重来表示（栾殿飞等，2013；李晓钟和张小蒂，2007）。

第五个因素是贸易开放程度，用每个地区的进出口总额占 GDP 的比值来衡量（魏守华等，2010）。

第六个因素是区域经济发展环境，采用每个地区的实际人均 GDP 这一指标进行衡量（余琳，2015），并以 1997 年为基期。

本节研究样本数据同 3.2.2 节。

3.6.1 空间杜宾模型

本节参考李红和王彦晓（2014）、叶明确和方莹（2013）等文献构建如下空间杜宾模型：

$$\ln patsq_{it} = \beta_1 \ln rrd_{it} + \beta_2 \ln rdl_{it} + \beta_3 \ln fz_{it} + \beta_4 \ln ep_{it}$$
$$+ \beta_5 \ln egdp_{it} + \beta_6 \ln fm_{it} + BWX + \varepsilon_i + \varepsilon_t + \varepsilon_{it} \tag{3.11}$$

式（3.11）中，$\ln patsq$ 代表区域创新产出，用专利授权量表示；$\ln rrd$ 表示区域研发经费投入存量（即 R&D 资本存量，1997 年为基期，ln 表示对变量 rrd 取对数）；$\ln rdl$ 表示区域研发人员全时当量（人年）；$\ln fm$ 代表了外贸依存度；$\ln fz$ 是指外资依存度；$\ln ep$ 是指人力资本；$\ln egdp$ 是指人均 GDP；W 是 0 - 1 权重矩阵；$\beta_1, \beta_2, \beta_3, \beta_4, \beta_5, \beta_6$ 分别是各因素对区域创新产出的系数；B 表示系数矩阵，X 表示相应解释变量。由于模型解释变量包括了被解释变量，所以解释变量系数不能直接解释为其对被解释变量的弹性。埃洛斯特（Elhorst，2012）提出偏微分矩阵方法来分析空间杜宾模型下的直接效应、间接效应和总效应，莱斯和皮斯（Lesage & Pace，2009）论证了这种方法可以准确地反映解释变量对被解释变量的影响。将式（3.11）中被解释变量关于某个变量的偏微分方程矩阵进行分解，其中对角线元素的平均值代表直接效应，非对角线元素的平均值则为间接效应即空间溢出效应，矩阵之和表示总效应（张翠菊和张宗益，2015）。直接效应是本地区自变量对因变量的影响，间接效应是本地区自变量对相邻地区因变量的影响，总效应则为两者之和（田相辉和张秀生，2013）。

3.6.2 实证结果分析

（1）面板单位根协整检验。运用 Eviews 软件，选用 LLC 检验方法对

ln*patsq*、ln*rrd*、ln*rdl*、ln*fm*、ln*fz*、ln*ep*、ln*egdp* 作单位根检验，其检验结果如表 3 - 10 所示。

由表 3 - 10 可知，在 1% 的显著性水平下对于 LLC 这种检验方法，变量 ln*patsq*、ln*rrd*、ln*rdl*、ln*fm*、ln*fz*、ln*ep*、ln*egdp* 所有的 P 值都是显著的，拒绝原假设，而 LLC 的原假设是存在单位根，因此所有变量都不存在单位根，都是平稳序列。

表 3 - 10　　　　　　　　　　　　变量的单位根检验

统计值	专利授权量 ln*patsq*	研发经费 投入存量 ln*rrd*	研发人员 全时当量 ln*rdl*	外贸依存度 ln*fm*	外资依存度 ln*fz*	人力资本 ln*ep*	人均地区 生产总值 ln*egdp*
LLC 的 P 值	0.0000	0.0000	0.0004	0.0006	0.0000	0.0000	0.0000

资料来源：作者测算。

在满足平稳性的条件下需进一步做面板协整检验，大多数文献面板协整检验都采用 Kao 检验法，本章也将沿用此种方法，其面板协整检验结果如表 3 - 11 所示。由表 3 - 11 可知在 5% 的显著性水平下，Kao 检验是拒绝"不存在协整关系"的原假设，变量之间存在长期均衡关系。

表 3 - 11　　　　　　　　　　　　协整检验结果

方法	ADF 统计量
Kao 检验	- 3.379154(0.0004)

资料来源：作者测算。

（2）杜宾模型回归结果分析。在满足空间自相关性及协整关系的条件下，采用 1998 ~ 2014 年的面板数据对上述构建的杜宾模型进行回归，并采用固定效应，其回归结果如表 3 - 12 所示。

表 3 - 12　　　　　　　　　模型（3.10）参数估计结果

变量	系数	标准差	Z 值	P > Z 概率	95% 置信区间	
直接效应						
滞后 2 期的研发经费投入 lnrrd（-2）	0.1083	0.0498	2.1800	0.0300	0.0108	0.2059
外资依存度 lnfz	0.0754	0.0345	2.1900	0.0290	0.0079	0.1430
人力资本 lnep	1.4064	0.3446	4.0800	0.0000	0.7311	2.0818
人均 GDP lnegdp	0.7603	0.1448	5.2500	0.0000	0.4764	1.0441
贸易开放度 lnfm	-0.0277	0.0120	-2.3200	0.0000	-0.0512	-0.0043
研发人员投入 lnrdl	0.0425	0.0120	3.5300	0.0000	0.0189	0.0660
间接效应						
滞后 2 期的研发经费投入 lnrrd（-2）	0.0976	0.0504	1.9400	0.0530	-0.0012	0.1964
外资依存度 lnfz	0.3887	0.1098	3.5400	0.0000	0.1735	0.6040
人力资本 lnep	1.2522	0.3391	3.6900	0.0000	0.5875	1.9169
人均 GDP lnegdp	-0.1978	0.1905	-1.0400	0.2990	-0.5712	0.1756
贸易开放度 lnfm	-0.3316	0.1386	-2.3900	0.0170	-0.6032	-0.0600
研发人员投入 lnrdl	0.5105	0.1470	3.4700	0.0010	0.2224	0.7987
总效应						
滞后 2 期的研发经费投入 lnrrd（-2）	0.2059	0.0986	2.0900	0.0370	0.0127	0.3992
外资依存度 lnfz	0.4642	0.1356	3.4200	0.0010	0.1984	0.7299
人力资本 lnep	2.6586	0.6534	4.0700	0.0000	1.3780	3.9393
人均 GDP lnegdp	0.5624	0.2115	2.6600	0.0080	0.1479	0.9770
贸易开放度 lnfm	-0.3593	0.1505	-2.3900	0.0170	-0.6542	-0.0643
研发人员投入 lnrdl	0.5530	0.1589	3.4800	0.0010	0.2415	0.8645

资料来源：作者测算。

　　由于回归模型中空间权重矩阵的存在，使得模型的直接估计结果并非为各个解释变量的弹性系数。为了通过弹性系数来分析各个解释变量对被解释变量的影响，因此表 3 - 12 报告了经计算后所得的各个变量的弹性系数，即直接效应、间接效应和总效应。

　　由表 3 - 12 可知，从直接效应来看，滞后两期的区域研发投入 lnrrd

（-2）对区域技术创新产出的弹性系数为 0.1083，且通过了 5% 的显著性检验；从间接效应来看，其对创新产出的弹性系数为 0.0976，且通过了 10% 的显著性检验。区域研发投入不仅对本地区的技术创新产出具有显著正向影响，也对邻近周边地区的创新产出有正向影响。受政策导向影响，本地区政府、企业和高校等研究机构的研发投入主要服务于本地区，因此对本地区的创新影响也较高；与此同时，由于各类研究机构也存在着跨区域的交流学习，相互之间存在一定的影响，因此本地区的研发投入对周边地区的创新产出存在一定的溢出效应，但该效应值不及对本地区的影响。同时，还需要注意的是，模型中区域研发投入变量为滞后两期的数据，说明区域研发投入的创新产出效应存在滞后现象。新产品、新技术的开发并非一个简单的工作，创新本身具有一定的复杂性和不确定性，因此创新具有较长的周期性，研发资本无法在短期内转化为创新产出。

外资依存度 $\ln fz$ 在直接效应中对创新产出的弹性系数为 0.0754，且通过了 5% 的显著性检验；其在间接效应中对创新产出的弹性系数为 0.3887，且通过了 1% 的显著性检验。"以市场换技术"的引资制度，其目的一方面是想通过开放国内相关市场，吸引外商投资，引进外资技术，直接带动国内企业实现技术创新；另一方面通过引进外资来提高国内市场的竞争动力，迫使国内企业学习、消化、吸收国外先进的管理理念和产品技术，促进国内创新能力的提升。此外，外资引入的同时也会引进相应的国外人才，进而提升国内企业研发团队的整体水平。

人力资本 $\ln ep$ 在直接效应中对创新产出的弹性系数为 1.4064，且通过了 1% 的显著性检验；间接效应中，其对创新产出的弹性系数为 1.2522，且通过了 1% 的显著性检验。人力资本对创新产出的影响最大，说明了过去一段时间，我国教育水平和人力资本的提高对创新成果的积累具有重要的影响作用。20 世纪 90 年代初，中央政府提出了科教兴国的长期发展战略。近年来，国内教育水平不断提高，普通高等学校数量从 1995 年的 1054 所增加到 2015 年的 2560 所，普通本专科在校学生数从 1995 年的 290.6 万人增加到 2015 年的 2625.3 万人，研究生在校学生数从 1995 年的 14.5 万人增加至 2015 年的 191.1 万人，此外每年还有大量的留学回国人员。可以说人力资本是一种强大的、无形的创新能力基础，极大地促进了我国区域技术创新产出的提升。

区域经济发展环境 $lnegdp$ 在直接效应中对创新产出的弹性系数为 0.7603，且通过了 1% 的显著性检验；间接效应中，其对创新产出的弹性系数为 -0.1978，且未通过 10% 的显著性检验。区域经济发展环境是创新产出的温床，良好的区域经济环境必定存在良好的科研创新基础设施，对创新的投入也相对较大，企业和高校之间的竞争也更为激烈，创新产出的效率相对较高。此外，创新水平的提高也在不断地改进企业的管理水平和生产能力，进一步推动当地经济发展水平的提高。由此，形成了经济发展与科技创新的良性循环。

贸易开放度 $lnfm$ 在直接效应中对创新产出的弹性系数为 -0.0277，且通过了 5% 的显著性检验；间接效应中，其对创新产出的弹性系数为 -0.3316，且通过了 5% 的显著性检验，表明贸易开放抑制了区域创新产出的增长，可能的原因是区域对外贸易产品特别是出口产品技术含量较低、对进口产品技术吸收不足等。

研发人员投入 $lnrdl$ 在直接效应中对创新产出的弹性系数为 0.0425，且通过了 1% 的显著性检验；间接效应中，其对创新产出的弹性系数为 0.5105，且通过了 1% 的显著性检验。科研成果的发现是研发人员精心研究开发的结晶，因此研发人员投入应当对创新产出有显著的正向影响。但估计结果显示该影响效应过小，说明研发人员投入的创新产出效应还未充分体现出来。究其原因，随着国内教育水平和科研能力的不断提高，虽然企业、高等院校等科研院所对研发人员的投入在不断提高，但由于国内企业、高校等内在人员制度的不完善，研发人员数量与质量不同步，较低的研发人员质量也使得自主创新性的科研产出水平较低。

3.7　本章小结

本章主要利用空间相关分析法、空间基尼系数、空间内生俱乐部收敛模型、空间杜宾模型等方面对中国区域技术创新的时空演变特征进行了研究，得出以下主要结论：

第一，中国区域技术创新有关指标均存在空间相关性，如区域人均 GDP、区域技术创新能力都存在着空间相关性。人均 GDP 的莫兰指数总体上显现出先增加后减少的倒"U"形曲线态势，人均专利授权存量莫兰指数总体上显现出先减少后增加的"U"形曲线态势。2014 年的技术创新能力的空间分布特征相比于 1999 年和 2008 年更加明显。

第二，中国区域技术创新专利授权量存在空间差异性。但这种空间差异性程度在 1998～2014 年的十几年的时间段内基本保持不变，相邻区域内技术创新能力的空间差异性基本不存在，我国区域技术创新能力的空间差异性主要来自非相邻省域间的技术创新能力的差距，并且非相邻区域基尼系数的贡献率都在 90% 以上且有小幅上升的趋势。

第三，中国区域技术创新存在着条件收敛或条件门槛收敛特性，区域科技投入强度对其有重要影响。我国区域创新收敛存在着内生俱乐部效应，人力资本变量存在两个门槛值，将样本分成三个部分，人力资本高强度区域的创新存在较强的追赶效应，而人力资本低强度区域的追赶效应则不明显。区域技术创新的空间相关性对三大俱乐部收敛有着显著的正向促进作用，对人力资本低强度区域作用最大，而对人力资本中强度区域作用最小。

第四，区域研发投入的创新产出效应存在滞后现象，区域研发投入不仅对本地区的创新产出有显著正向影响，也对周边地区的创新产出有正向影响，但研发人员投入的创新产出效应还未充分体现出来。人力资本对创新产出的影响最大，表明我国教育水平和人力资本的提高对创新产出具有重要累积效应。区域经济发展环境明显改善，形成了经济发展与科技创新的良性循环。

第4章　中国区域碳排放时空演变研究

4.1　引言

改革开放以来，中国经济快速增长，但这种高投入、高消耗的粗放型经济发展方式给我国带来了一系列环境问题。中国工业化进程消耗了大量的化石能源，使二氧化碳气体排放量大幅增加。在不影响我国经济保持适当增速的前提下，实现低碳发展成为当前我国急需解决的问题（刘广为和赵涛，2012）。如何才能降低我国碳排放量，相关学者对此问题进行了大量研究。

邹秀萍等（2009）指出，经济发展水平与碳排放存在倒"U"形关系，产业结构与碳排放存在"N"形曲线关系，而能源消耗强度与碳排放则呈现出"U"形曲线。伯亨和伊克米（Ebohon & Ikeme，2006）等利用优化Laspeyres 模型研究了碳强度和能源强度、经济结构及能源类型之间的关系。王等（Wang et al.，2005）基于中国 1957~2000 年的碳排放量，运用 LMDI 分解法对碳排量进行分解，分析结果表明，经济增长对碳排放起促进作用，而对能源强度则起抑制作用。雷厉等（2011）通过构建 LMDI 分解模型，分析结果表明，人均 GDP 是促进碳排放的决定性因素，而能源强度的下降可以有效地抑制二氧化碳的排放量，能源结构虽然对碳排放量有推动作用，但其作用较小。张伟等（2013）通过路径分析图，测算了各个影响因素对碳排放的影响机理，研究发现，能源消费量、GDP 对碳排放起直接影响作用。付云鹏等（2015）分析结果表明，各省区市的碳排放强度存在空间相关性，人口结构、能源强度、能源结构与产业结构是影响我国各省区市碳排放强度的主要因素。黄蕊等（2016）基于 STIRPAT 模型分析了江苏省人均 GDP、城市化率、人口数量与能源强度对江苏省碳排放量的影响，结果表明，这四种影响因素对江苏省的碳排放量起促进作用，其中人口数量对碳排放的影响作用最大。路正南等（2016）分析结果表明，能源结构效应对碳排放强度的影响不显著，而能源投入替代率对碳排放强度的降低起促进作用，中间投入强度和投入结构对碳排放强度的降低则起到抑制的作用。

此外，也有一些学者针对碳排放某种特定的影响因素展开研究，如仲伟周等（2015）通过面板数据模型的构建分析了我国产业结构对碳排放强度的影响，结果表明，第二产业对我国碳排放强度的贡献率较大。赵欣和龙如银（2010）指出，技术引进与科技投入等可以抑制碳排放强度的增加。胡彩梅等（2014）的研究结果表明，中国的能源产业技术创新效率是有效的，碳排放量的波动中，有 30% 是由能源产业技术创新效率实现的，但对碳排放量的影响也存在一定的时滞性，且两者之间存在长期动态均衡关系。张友国（2010）运用投入产出结构分解方法基于我国 1987～2007 年之间的经济发展方式的变化对期间中国碳排放强度的影响进行分析，实证结果表明，在这一时期，由于中国经济发展方式的改变使得我国碳排放强度下降了 66.02%。谢品杰和黄晨晨（2015）利用 HP 滤波对我国 1978～2013 年进行了经济周期的划分，选取了 11 个碳排放强度的影响因素，基于不同的经济周期，利用灰色关联模型测算了在不同的经济周期内碳排放强度和其影响因素的关联度，灰色关联的分析结果指出，各影响因素对碳排放强度的影响程度不同。张兵兵等（2014）指出，东西部地区的技术进步与碳排放强度成负相关，而中部地区技术进步与碳排放强度成正相关。福斯滕等（Fosten et al.，2012）指出，环境规制可以降低二氧化碳的排放量。曲如晓和江铨（2012）的研究表明，人口规模的碳排放弹性显著为 1，而人口结构中，劳动年龄人口有正向影响，家庭户规模有负向影响，而城镇化率的影响不显著。乔伯特等（Jobert et al.，2010）对碳排放的收敛性进行了研究。韩坚和盛培宏（2014）指出，技术创新效率对碳排放强度及碳排放呈现负相关的关系。李沙沙和牛莉（2014）指出，技术创新可以减少碳排放量的增加，但这种抑制作用存在时滞。朱永彬和王铮（2013）将经济增长理论与最优控制模型结合，分析了在给定碳配额的情况下，如何通过研发投入来控制碳排放路径，研究结果表明，为了实现经济的平稳增长与环境保护，前期的研发投资应适当下调，之后逐步提高研发投资的强度，而能源效率与知识积累到达一定的水平后，研发投资可以再回落至较低水平。孙建等（2015）研究表明，老工业基地碳减排应适度控制工业行业规模，优化行业结构及能源消费结构，加快工业行业技术进步。

综合上述研究成果，可以发现存在以下不足：（1）多数学者运用分解法对碳排放强度的影响因素进行分析，但这一分解方法忽略了影响因素的空间相关性；（2）常用的空间计量模型中的空间滞后模型，则忽略了解释变量也可能具有空间相关性这一问题；（3）在利用计量经济模型的研究中，对于解释变量的选择，较少涉及技术创新的有关因素。本章研究将从这三个方面展开，力求弥补已有研究不足。

4.2 数据来源与模型构造

4.2.1 碳排放强度的测算

中国工业化进程消耗了大量的能源，产生了大量的二氧化碳。由于国家统计数据中没有二氧化碳排放量的直接统计数据，因而国内多数学者是通过各种能源的消费量与其碳排放系数来进行估算的。如郭沛和杨军（2015）、李雪平（2016）根据占主要比重的煤、石油、天然气三类能源的数据及其碳排放系数来估算碳排放量。齐绍洲等（2015）根据煤炭、焦炭、原油、汽油、柴油、煤油、燃料油、天然气八种能源，利用IPCC（2006）的碳排放测算公式来估算碳排放量。

由于在《中国能源统计年鉴》中各个省域的能源消费总量已经转换为标准煤，因此本章在核算各个省域的二氧化碳排放量时根据涂华和刘翠杰（2014）的研究，计算公式如下：

$$C_{it} = E_{it} \times 2.54$$

$$CI_{it} = \frac{C_{it}}{GDP_{it}} \tag{4.1}$$

式（4.1）中，C_{it} 表示第 i 省域第 t 年的二氧化碳排放量；E_{it} 表示第 i 省域第 t 年的能源消费总量（标煤）；CI_{it} 表示第 i 省域第 t 年的二氧化碳排放强度；

GDP_{it} 为 i 省域第 t 年的地区生产总值，经地区生产指数处理为不变价总值。考虑区域口径的一致性，本章选取 1998 ~ 2014 年各省域的数据进行测算，由于西藏的数据缺失，故选取扣除西藏的全国 30 个省区市为研究对象。

4.2.2　影响因素的选取

根据我国实际情况及现有文献研究成果，本章计量经济模型中考虑的碳排放强度影响因素分析如下：

人口（POP）。一个国家或者地区经济增长的差异会使得地区人口因素对碳排放的影响效果也存在较大的差异。参考王星和刘高理（2014）、佟新华和杜宪（2015）的研究，人口变量选取各省域年末总人口来表示，单位为万人。

地区生产总值（GDP）。参考曹洪刚等（2015）的研究，选取各省域地区生产总值（单位亿元）来表示各个地区的经济发展状况。建模时以 1997 年为基期进行处理，消除价格波动的影响。

产业结构（IS）。我国第三产业比重逐渐在加大，但目前仍然是以第二产业为主，且第二产业所产生的碳排放是三次产业中碳排放量最大的，故参考付云鹏等（2015）、毛明明和孙建（2015c）的研究选取第二产业增加值占GDP 的比重来反映产业结构。

能源消费结构（ES）。能源消费中煤炭消费所占的比重最大，参考吴彼爱等（2010）、张丽峰（2011）、孙建和毛明明（2014）的研究，选取煤炭消费量占能源消费总量的比重来代表能源消费结构。

专利存量（PAG）。专利是衡量技术创新的重要指标，李博（2013）、周杰琦和汪同三（2014）等采用专利申请授权量这一指标，而胡彩梅和韦福雷（2011）则采用专利存量平均数这一指标。根据邵云飞等（2011）的研究，专利存量可以更好地反映区域技术创新能力，故本节使用这一指标，测算时以1997 年为基期。

由于我国西藏地区的数据缺乏，故选取除去西藏外的全国 30 个省域为研究对象。部分省域个别年份数据缺失，采用线性均值法计算补齐所缺失的数据，数据均来源于《中国统计年鉴》（1999 ~ 2015）、《中国能源统计年鉴》（1999 ~ 2015）、《中国科技统计年鉴》（1999 ~ 2015）。

4.2.3 空间杜宾模型

根据孙建（2015a）、孙建和柴泽阳（2017）、柴泽阳等（2017）的研究，本节使用的空间杜宾模型如下：

$$\ln CI = \beta_0 + \beta_1 \ln pop + \beta_2 \ln gdp + \beta_3 \ln es + \beta_4 \ln is + \beta_5 \ln pag + \beta_6 W \ln CI +$$
$$\beta_7 W \ln pop + \beta_8 W \ln gdp + \beta_9 W \ln es + \beta_{10} W \ln is + \beta_{11} W \ln pag + \varepsilon \qquad (4.2)$$

式（4.2）中，CI 表示省域二氧化碳排放强度，pop 代表省域总人口，gdp 代表省域地区生产总值，es 代表省域能源消费结构，is 代表省域二产增加值所占比重，pag 代表省域专利存量。β_j 为相应变量的系数。W 为空间权重矩阵，本节所用空间权重矩阵为邻接空间权重矩阵，即 0 − 1 矩阵（柴泽阳和孙建，2016）。所有变量皆取对数形式，用 ln 表示。模型变量直接效应、间接效应和总效应的说明，参见本书 3.6.1 节。

4.3 区域碳排放强度特征分析

4.3.1 空间相关性

空间相关性检验通常使用莫兰指数来分析变量之间是否存在空间相关性。表 4 − 1 为 1998 ~ 2014 年中国 30 个省份碳排放强度（CI）取对数后所计算出来的莫兰指数及其显著性检验结果。

表 4 − 1 主要年份被解释变量二氧化碳排放强度 （lnCI） 的莫兰指数

统计指标	2000	2002	2004	2006	2008	2010	2012	2014
莫兰指数	0.346	0.370	0.382	0.408	0.410	0.405	0.391	0.365
P 值	0.001	0.000	0.000	0.000	0.000	0.000	0.000	0.000

资料来源：作者测算。

由表 4 − 1 可知，各省域的碳排放强度取对数后莫兰值大都在 0.35 以上，在 2008 年达到了 0.410，表明各省域的碳排放强度取对数后表现出了较强的正空间相关性，并且这种正的空间自相关性在 1% 显著性水平下显著。数据说明中国各个省域的碳排放强度存在明显的空间集聚性（吴玉鸣，2007）。由于被解释变量存在的空间相关性，故在做回归分析时不能用传统的经济计量模型，应该采用空间经济计量模型。

上述莫兰指数检验为空间全局性检验，反映的是各个省域碳排放强度空间相关性的总体特征。而空间局部莫兰散点图检验是分析空间对象异质性的一种方法，可以反映研究区域内每个空间单位与其相临近单位的同一属性的空间异质性程度。局部空间自相关检验主要划分为四种类型：高—高集聚、高—低集聚、低—低集聚、低—高集聚。图 4 - 1 ~ 图 4 - 3 分别为 2002 年、2008 年、2014 年各个省域碳排放强度取对数后的莫兰散点图。

由图 4 - 1 可知，2002 年河北、山西、内蒙古、辽宁、吉林、云南、陕西、甘肃、青海、宁夏、新疆 11 个省区市在第一象限，表明这些区域存在高—高集聚的正向空间自相关性，即碳排放强度高的省区市被其他碳排放强度高的省区市所包围；北京、天津、黑龙江、河南、广西、重庆、四川 7 个省区市位于第二象限，即低—高集聚的负的空间自相关性，碳排放强度低的省区市被碳排放强度高的省区市所包围；上海、江苏、浙江、安徽、福建、江西、山东、湖北、湖南、广东、海南 11 个省区市位于低—低集聚的第三象限，表明碳排放强度低的省区市被碳排放强度较低的省区市所包围；位于第四象限高—低集聚的省区市只有贵州一个省份。

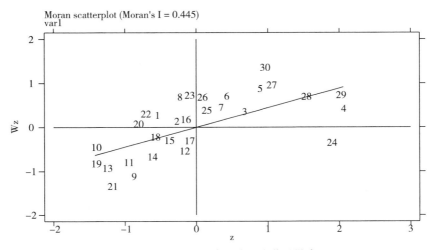

图 4 - 1 2002 年碳排放强度莫兰散点

资料来源：作者绘制。

由图 4 - 2 可知，2008 年河北、山西、内蒙古、辽宁、四川、云南、陕西、甘肃、青海、宁夏、新疆 11 个省区市位于高—高集聚的第一象限；吉林、黑龙江、河南、广西、重庆 5 个省区市位于低—高集聚的第二象限；北京、天津、上海、江苏、浙江、安徽、福建、江西、山东、湖北、湖南、广东、海南 13 个省区市位于低—低集聚的第三象限；贵州位于高—低集聚的第四象限。

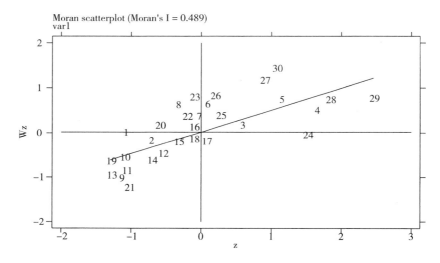

图 4 - 2　2008 年碳排放强度莫兰散点

资料来源：作者绘制。

由图 4 - 3 可知，2014 年河北、山西、内蒙古、云南、陕西、甘肃、青海、宁夏、新疆 9 个省区市位于高—高集聚的第一象限；辽宁、吉林、黑龙江、河南、广西、重庆、四川 7 个省区市位于低—高集聚的第二象限；北京、天津、上海、江苏、浙江、安徽、福建、江西、山东、湖北、湖南、广东、海南 13 个省区市位于低—低集聚的第三象限；贵州位于高—低集聚的第四象限。

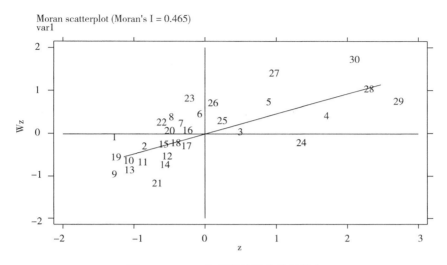

图 4 - 3　2014 年碳排放强度莫兰散点

资料来源：作者绘制。

由图 4 - 1 ~ 图 4 - 3 可知，主要年份各省区市的散点分布主要集聚在第一
象限高—高集聚与第三象限低—低集聚这两个象限。比较可知，2008 年相比
于 2002 年，北京、天津从第二象限转移到了第三象限，2014 年与 2008 年相
比较，辽宁与四川从第一象限移到了第二象限，2014 年与 2002 年相比较，辽
宁与吉林从第一象限移到了第二象限，而北京与天津则从第二象限移到了第
三象限，即近几年来，高—高集聚的省区市在减少，但减少的幅度较小，高
—高集聚省区市由 2002 年的 11 个省区市减少到了 2014 年的 9 个省区市。研
究结论与毛明明等（2016）的比较接近。

在东中西部地区中，高—高集聚的第一象限中大约有超过 70% 的省区市
都是西部地区的省区市，只有东部省区市中的河北省一直处于第一象限，而
低—低集聚的第三象限中超过 65% 的省区市位于东部地区，剩余的 30% 省区
市全部为中部省区市。从图 4 - 1 ~ 图 4 - 3 可以看出，东、中、西部地区的差
异较大，尤其是东部与西部省区市的差异，东部地区碳排放强度多为低—低
集聚，西部地区碳排放强度多为高—高集聚，这表明西部地区的产业结构、
能源消费结构等落后于东部地区，致使西部地区的碳排放强度较高。

4.3.2 空间差异性

如第 3 章所述，为了进一步刻画我国碳排放强度的空间差异性，本章分别测算了 1998～2014 年间区域碳排放强度的全局基尼系数（G）、相邻区域基尼系数（G1）、非相邻区域基尼系数（G2），来分析碳排放强度是否存在空间差异及差异性的主要来源。结果如表 4－2 所示。

表 4－2　　　　　　　碳排放强度的空间基尼系数

年份	全局基尼系数	相邻区域基尼系数	非相邻区域基尼系数	伴随概率 P
1998	0.2500	0.0340	0.2160	0.01
1999	0.2589	0.0490	0.2100	0.01
2000	0.2576	0.0504	0.2072	0.01
2001	0.2626	0.0511	0.2115	0.03
2002	0.2528	0.0501	0.2027	0.03
2003	0.2704	0.0541	0.2163	0.02
2004	0.2710	0.0533	0.2177	0.02
2005	0.2623	0.0499	0.2124	0.01
2006	0.2677	0.0508	0.2165	0.02
2007	0.2683	0.0511	0.2172	0.01
2008	0.2662	0.0503	0.2159	0.01
2009	0.2649	0.0502	0.2147	0.01
2010	0.2632	0.0497	0.2136	0.01
2011	0.2771	0.0517	0.2254	0.02
2012	0.2836	0.0523	0.2313	0.01
2013	0.2971	0.0540	0.2432	0.02
2014	0.3002	0.0541	0.2462	0.01

资料来源：作者测算。

注：P 值表示非相邻区域基尼系数的伴随概率。

由表 4－2 可知，全局基尼系数、相邻区域基尼系数与非相邻区域基尼系数从 1998～2014 年虽然有些波动，但总体上呈现出上升趋势，且上升幅度不大。由全局基尼系数可以看出，我国区域碳排放强度存在空间差异，但基尼系数基本在 0.3 以内徘徊，说明中国省份间二氧化碳排放强度的空间差异变化不大。相邻区域基尼系数值都在 0.05 左右，数值非常小，说明相邻区域间的碳排放强度趋于平衡分布，几乎不存在差异性。非相邻区域空间基尼系数的 P 值在 5% 的显著性水平下显著，说明非相邻区域之间存在差异性，但其差异性变化也不大，均值在 0.22 左右。

根据全局基尼系数、相邻基尼系数与非相邻基尼系数的值可以看到，我国碳排放强度的空间差异主要来源于非相邻区域。非相邻区域差异贡献率除 1998 年的 86.4% 下降到 1999 年的 81.11% 之外，其他年份虽有小幅度的波动，但贡献率大体上呈现出上升的趋势。到 2014 年，非相邻区域对空间差异的贡献率达到了 82.01%。相对而言，相邻区域对其贡献率是在逐年下降。结合空间基尼系数的值可以看出，相邻区域间几乎不存在空间差异性，即相邻区域间的碳排放强度发展有着趋同的趋势，这也与上述莫兰指数检验的结果相一致。

4.4　区域碳排放强度影响因素分析

4.4.1　面板单位根及协整关系检验

在进行空间杜宾模型回归前，先对所有变量进行单位根检验、模型协整检验。在进行单位根检验时，本节选用 LLC 的检验方法对 lnCI、lnpop、lngdp、lnis、lnes、lnpag 及其一阶差分进行单位根检验。其原假设为"序列存在单位根"，即序列为非平稳序列（毛明明等，2016）。检验结果如表 4 - 3 所示。

表 4 - 3　　　　　　　　　　　单位根检验结果

变量	统计值	P 值	一阶差分统计值	P 值
二氧化碳排放强度 lnCI	2.3370	0.9903	- 2.9080	0.0018
省域总人口 lnpop	4.5395	1.0000	- 8.8787	0.0000
省域地区生产总值 lngdp	1.5035	0.9336	- 2.0711	0.0192

续表

变量	统计值	P 值	一阶差分统计值	P 值
省域能源消费结构 lnes	2.3004	0.9893	−9.8764	0.0000
省域二产增加值比重 lnis	−1.4659	0.0713	−5.8359	0.0000
省域专利存量 lnpag	6.4400	1.0000	−3.4144	0.0003

资料来源：作者测算。

由表 4-3 可知，在对各个变量进行单位根检验时，由各变量的 P 值可以看出检验结果在 5% 的水平下全部接受原假设，即表明各个变量是非平稳数列；对所有变量一阶差分进行单位根检验，由检验结果的 P 值可以看出，lnCI、lnpop、lngdp、lnes、lnis、lnpag 的一阶差分在 5% 的显著性水平下全部为拒绝原假设，即变量的一阶差分为平稳序列。通过单位根检验，我们可以得到所有变量均为一阶单整，为防止出现虚假回归，对变量进行协整检验。协整检验采取常用的 Kao 检验方法，其原假设为"不存在协整关系"，其检验结果如表 4-4 所示。

表 4-4　　　　　　　　　　**变量的协整检验结果**

检验方法	t-统计量	P 值
Kao 检验	−3.2889	0.0005

资料来源：作者测算。

由表 4-4 可知，协整检验的 P 值为 0.0005，在 1% 的显著性水平下显著，拒绝原假设，表明 lnCI、lnpop、lngdp、lnis、lnes、lnpag 之间存在长期协整关系。

4.4.2　参数估计结果分析

面板回归模型可以分为随机效应模型与固定效应模型两类，具体适合哪一种模型，用 HAUSMAN 检验对其进行检验，经检验，模型应采用固定效应模型，模型估计采用二进制一阶邻接空间权重矩阵，矩阵经过标准化处理。估计结果如表 4-5 所示。

表 4 - 5　　　　　　　　　　　参数估计结果

解释变量	系数	标准差	T 统计值	P 值
直接效应				
省域总人口 lnpop	0.236	0.072	3.260	0.001 **
省域地区生产总值 lngdp	− 0.183	0.064	− 2.850	0.004 **
省域能源消费结构 lnes	0.137	0.040	3.470	0.001 **
省域二产增加值占比 lnis	0.526	0.059	8.960	0.000 **
省域专利存量 lnpag	− 0.045	0.019	− 2.340	0.019 *
间接效应				
省域总人口 lnpop	0.123	0.044	2.810	0.005 **
省域地区生产总值 lngdp	− 0.346	0.078	− 4.440	0.000 **
省域能源消费结构 lnes	0.073	0.029	2.530	0.011 *
省域二产增加值占比 lnis	0.916	0.143	6.400	0.000 **
省域专利存量 lnpag	0.123	0.037	3.300	0.001 **
总效应				
省域总人口 lnpop	0.359	0.111	3.230	0.001 **
省域地区生产总值 lngdp	− 0.529	0.068	− 7.830	0.000 **
省域能源消费结构 lnes	0.210	0.066	3.190	0.001 **
省域二产增加值占比 lnis	1.442	0.156	9.260	0.000 **
省域专利存量 lnpag	0.078	0.037	2.100	0.035 *

资料来源：作者测算。

注："**"为参数在 1% 的显著性水平下显著，"*"为参数在 5% 的显著性水平下显著。

　　由表 4 - 5 可知，所有变量的直接效应、间接效应与总效应在 5% 的显著性水平下均为显著。人口的直接效应为 0.236，P 值为 0.001，在 1% 的显著性水平下通过检验，表明省域人口增长对其碳排放强度起正向作用，即人口的增长可以促进本地区的碳排放强度的增大。这和多数学者的研究相一致，一个地区人口的增长会促进其对能源消费需求的增多，从而导致由于能源消费产生的碳排放量的增加，致使碳排放强度逐渐增大，除此之外，人口增多带来的生产与消费行为也可能促进碳排放强度的增大。而人口的间接效应为 0.123，P 值为 0.005，在 1% 的显著性水平下通过检验，说明本地区的人口增长对邻近区域的碳排放强度有正向的溢出效应，这可能是因为人口的流动引起其生活能耗的增加，导致入驻区域碳排放强度的增加。但人口对碳排放强度的直接促进作用要大于间接的溢出效应。

经济增长水平指标 GDP 的直接效应为 -0.183，P 值为 0.004 在 1% 的显著性水平下通过检验，即经济增长会降低一个地区的碳排放强度。一般认为，一个地区的经济发展水平越高，可以促进当地的技术进步与产业结构的优化，进一步提高当地的能源利用效率，优化其能源消费结构，从而降低当地的碳排放强度。lngdp 的间接效应为 -0.343，P 值为 0.000，在 1% 的显著性水平下通过检验，说明当地 GDP 的发展能够降低邻近地区的碳排放强度，即当地的经济发展对周边地区的碳排放强度有明显的负向溢出效应。

能源消费结构 lnes 的直接效应为 0.137，P 值为 0.001，在 1% 的显著性水平下通过检验，表明省域能源消费结构对当地的碳排放强度有明显的促进作用，能源消费结构为煤炭的消费量占能源消费总量的比重，能源消费结构越大表明煤炭消费量占总能源消费量的比重越大，则碳排放强度就越大，因此能源消费结构对碳排放强度有直接的正向作用。lnes 的间接效应系数为 0.073，P 值为 0.011，在 5% 的显著性水平下通过检验，间接效应的系数值为正值，表明能源消费结构对碳排放强度有正向的溢出效应，一个地区的能源消费结构增大，可以促进周边地区的碳排放强度的增大。但能源消费结构的间接效应要小于其直接效应。实际上，从统计数据来看，我国区域煤炭消费量占能源消费总量的比重是下降的，说明我国区域能源消费结构的改善有助于降低区域碳排放强度。

产业结构 lnis 的直接效应为 0.526，P 值为 0.000，在 1% 的显著性水平下通过检验，表明当地的产业结构对当地的碳排放强度有促进作用，这可能因为产业结构在本章中为二产增加值占当地生产总值的比重，二次产业结构主要为工业与建筑业，高耗能产业占比较大。当前我国正处于城镇化与快速工业化时期，二产仍然是我国的支柱产业，故二产的比重越大，其耗能越高，对碳排放强度的促进作用就越大。lnis 的间接效应为 0.916，P 值为 0.000，在 1% 的显著性水平下通过检验，表明本地的产业结构变化对邻近地区有正向溢出效应。

专利存量 lnpag 的直接效应为 -0.045，P 值为 0.019，在 5% 的显著性水平下通过检验，系数为负值，表明本地的专利存量可以降低一个地区的碳排放强度，专利存量是衡量一个地区技术创新的重要指标，一个地区技术的创新可以改善能源利用效率，从而降低当地的碳排放强度。而 lnpag 的间接效应为 0.123，为大于零的正数，表明一个地区的专利存量在降低当地碳排放强度的同时却推高了其他地区的碳排放强度。

从上述分析中可以看到，各影响因素中对区域碳排放强度直接效应影响程度由大到小，依次是产业结构、人口、地区生产总值、能源消费结构、专利存量。产业结构、人口与能源消费结构为正向影响效应，地区生产总值与专利存量为负向影响效应；在间接效应中，影响程度由大到小，依次为产业结构、地区生产总值、人口、专利存量、能源消费结构，其中除了地区生产总值表现为负的溢出效应外，其他的影响因素均为正向溢出效应。

4.5　区域碳排放门槛效应分析

格罗斯曼和克鲁格（Grossman & Krueger，1991）利用 42 个国家城市截面样本研究了空气质量与其经济增长之间的关系，发现二氧化硫和烟气在低收入国家随着人均 GDP 的增长而增长，而高收入国家则相反，提出了著名的"环境库兹涅茨曲线"（environmental kuznets curve，EKC）[①]。国内外关于 EKC 的研究重点之一在于探讨 EKC 曲线中人均收入的阈值效应。丁道等（Dinda et al.，2000）在对悬浮颗粒物 EKC 曲线研究时发现，工业污染控制存在技术限制，在某一收入门槛之下，没有环境退化就没有更多收入增长。斯德恩和卡门（Stern & Common，2001）利用高收入国家样本研究了二氧化硫 EKC 曲线问题，发现人均收入由中等收入水平向低高收入水平过渡时，二氧化硫排放量存在拐点。加莱奥蒂等（Galeotti et al.，2006）发现，OECD 国家碳排放与收入之间存在 EKC 曲线，而非 OECD 国家则为单调关系。菲格罗亚和帕斯腾（Figueroa & Pasten，2009）利用 73 个高收入和低收入国家的二氧化硫排放数据估计 EKC 曲线，发现不同收入国家的 EKC 曲线差异较大。何和理查德

---

① 参见孙建．区域碳排放库兹涅兹曲线门槛效应研究［J］．统计与决策，2016，（12）：131 - 134。

（He & Richard，2010）利用半参数和可行非线性参数模型法研究了加拿大 CO_2 排放 ECK 曲线问题，发现 EKC 曲线支持证据不足。埃斯特维和塔马里特（Esteve & Tamarit，2012）利用门槛协整模型研究了西班牙 1857~2007 年 CO_2 排放和收入水平的非线性关系，结果表明，二者存在 EKC 曲线关系。王（Wang，2012）利用 98 国 1971~2007 年碳排放与经济增长数据，发现碳排放与经济增长之间存在着双重门槛效应，与 EKC 假说不符。宋等（Song et al.，2013）研究了中国大陆不同地区的 EKC 曲线问题，结果表明，一些地区，如上海、北京等地已经超越他们的拐点，而辽宁、安徽等地还未出现拐点。奥纳福沃拉和奥沃耶（Onafowora & Owoye，2014）利用边界测试方法研究了巴西、中国、埃及等国家 CO_2 排放与经济增长、能源消费、污染密度等因素之间的关系，发现日本和韩国存在倒"U"形曲线，而巴西、中国等 6 国则存在"N"形曲线。拜克（Baek，2015）利用 ARDL 方法发现北极区域国家存在 EKC 曲线的证据不充分。阿杰米等（Ajmi et al.，2015）研究了 G7 国家 CO_2 排放、能源消费和 GDP 的关系，发现日本和意大利存在"N"形曲线。巴勃罗·罗梅罗等（Pablo－Romero et al.，2017）对欧盟 27 个国家交通运输行业 EKC 曲线进行了研究，发现交通能源对人均增加值的弹性呈下降趋势，但提高环境质量的拐点还未出现。

李国志和李宗植（2011）发现，东、中部地区存在人均碳排放 EKC，而西部地区人均碳排放与经济增长呈线性关系。王奇等（2013）的研究表明，1970~2000 年间，发达国家、新兴工业化国家通过国际贸易向外转出污染，促使 EKC 曲线拐点提前到达，发展中国家的污染排放仍不断上升，尚未出现转折。都斌和余官胜（2016）研究表明，对外直接投资与国内环境污染呈现出倒"U"形的关系。柴泽阳等（2016b）从财政状况、技术创新、FDI 和居民生活水平四个角度分析了环境规制对碳排放的门槛效应。冯颖等（2017）发现，中国水污染排放物与人均 GDP 之间呈现出显著的"N 形"曲线关系。

上述国外文献为研究中国区域碳排放 EKC 曲线提供了许多借鉴，国内研究在一定程度上揭示了中国区域碳排放规律，但也存在一些有待深入研究之处：第一，已有研究多数以面板数据模型为分析工具，但正如斯德恩（Stern，2004）指出的那样，大多数文献未经过面板数据单位根检验及面板协整检验，就经济计量方法而言存在着理论支持不足的问题。第二，现有研究普遍承认在 EKC 曲线的形成过程中存在着以收入作为门槛的现象，如菲格罗亚和帕斯腾（Figueroa & Pasten，2009）、许广月和宋德勇（2010）等的研究，但研究对象的分组均采用了外生划分方式。如刘安国（2012）根据人均 GDP 是否持续高于全国平均水平将研究对象分为"发达"和"不发达"两组，吕志鹏（2012）、许广月和宋德勇（2010）等研究均采用了这种外生确定研究对象分组的方式，孙建和齐建国（2009）、孙建（2011）指出了这种外生分组方法的不足。第三，现有研究存在着模型设定不当的情况。古德柴尔德等（Goodchild et al.，1992）指出，几乎所有空间数据都具有空间依赖或空间自相关特性。从统计分析的观点来看，空间相关会使标准统计量出现偏差从而使得传统统计方法在分析具有空间相关特性的变量时出现问题（孙建，2016），但现有关于 EKC 曲线的研究文献，较少考虑样本数据的空间相关性，如胡蓝艺等（2013）。本节研究试图克服以上不足，在建立 EKC 计量经济模型时考虑面板数据变量的单位根检验和模型协整检验以保证模型所反映的变量之间的长期均衡关系的存在；利用门槛面板模型将研究对象分组进行内生化处理；在对 EKC 模型进行设定时，考虑变量的空间相关性。

4.5.1　计量模型及样本数据

根据现有 EKC 相关文献，特别是安特韦勒等（Antweiler et al.，2001）、范等（Fan et al.，2006）研究，在 EKC 的形成过程中存在着以收入作为门槛的现象，再结合孙建和齐建国（2009）、孙建（2011）内生分组方法的应用，本节初始计量模型设定如式（4.3）[①]。

$$\ln pco2_{it} = \alpha + \gamma_1 \ln rpgdp_{it}(\ln rpgdp_{it} \leqslant TQ) + \gamma_2 \ln rpgdp_{it}(\ln rpgdp_{it} > TQ) +$$
$$\gamma_3 \ln rpgdp_{it}2(\ln rpgdp_{it} \leqslant TQ) + \gamma_4 \ln rpgdp_{it}2(\ln rpgdp_{it} > TQ) + \mu_{it} \qquad (4.3)$$

式（4.3）中，核心变量是 $pco2$ 和 $rpgdp$，$pco2$ 表示区域人均碳排放量（吨/人），$rpgdp$ 表示人均 GDP 实际值（元，1997 年为基期），$\ln rpgdp2$ 表示

---

① 实际上，本节研究过程中还考虑了其他控制变量，由于在模型中不显著，所以在初始模型中没有列出。

人均 GDP 实际值对数的平方。TQ 表示人均 GDP 实际值的门槛值。ln 表示对变量取对数。样本包括中国大陆 30 个省区市（不包括西藏）1997 ~ 2011 年的上述数据，取自《中国环境年鉴 1998 ~ 2012》和《中国统计年鉴 1998 ~ 2012》。

按照"地理学第一定律"，地理上的任何地点之间都是相关的，而且越靠近关系越密切。几乎所有空间数据都具有空间依赖或空间自相关特性。对于存在显著空间依赖性的数据，传统的回归模型和统计技术不再有效［帕图埃利等（Patuelli et al.），2011］。为了得到正确参数估计结果，必须采取措施控制空间相关性。空间自相关问题的处理有两种方法：一是修改相关统计方法，使之考虑到数据的空间相关性；二是除去数据的空间相关性，即对空间数据进行过滤处理［德雷等（Dray et al.），2006］。空间计量经济模型采用第一种方法，如埃洛斯特（Elhorst，2003）。而格里菲斯（Griffith，2000）、盖蒂斯和格里菲斯（Getis & Griffith，2002）等学者则建议用空间过滤技术作为对空间回归模型的代替。空间过滤是在进行回归估计之前将变量的空间依赖性去除，然后再使用传统的回归模型和估计技术。空间过滤方法主要有格里菲斯（Griffith，2000）法和盖蒂斯（Getis，2002）法（孙建，2015d）。Griffith 法使用莫兰指数统计量的特征函数分解法将原数据转换为正交或不相关的成分（称为 spatial eigenvector mapping，SEVM 法），而 Getis 方法使用 G_i 统计量对原数据进行过滤。

根据格里菲斯（Griffith，2000）和盖蒂斯和格里菲斯（Getis & Griffith，2002）等研究，本章根据改进的空间特征向量映象（SEVM）方法，考虑空间效应的计量经济模型设定如式（4.4）。

$$\ln pco2_{it} = \alpha + \beta_1 sf_{it}(\ln rpgdp_{it} \leq TQ) + \beta_2 sf_{it}(\ln rpgdp_{it} > TQ) + \gamma_1 \ln rpgdp_{it}$$
$$(\ln rpgdp_{it} \leq TQ) + \gamma_2 \ln rpgdp_{it}(\ln rpgdp_{it} > TQ) + \gamma_3 \ln rpgdp_{it}2(\ln rpgdp_{it} \leq TQ) +$$
$$\gamma_4 \ln rpgdp_{it}2 \ (\ln rpgdp_{it} > TQ) + \mu_{it} \tag{4.4}$$

式（4.4）中变量 sf 表示空间因子，用来捕捉样本的空间相关性，这样就能保证模型（4.4）中残差项不违反空间相关性的假定。

4.5.2 EKC 曲线计量结果与分析

表 4 - 6 列出了模型（4.4）主要变量的莫兰指数及其显著性检验结果，

空间相关性检验所用矩阵根据 30 个省域省会城市所在经纬度计算出来的距离矩阵。莫兰指数可以用来计算和检验一个地区经济行为在地理空间上有没有表现出空间自相关性。由表 4 - 6 可知，变量区域人均碳排放量 LNPCO$_2$ 存在空间相关性且在 10% 的显著性水平下都比较显著，说明中国区域碳排放存在着比较明显的空间相关性，同时也说明模型（4.4）不能用传统的回归方法进行参数估计。残差的莫兰指数是指模型（4.3）进行截面回归以后的残差的莫兰指数。对每一年的样本进行 SEVM 空间过滤以后，截面 OLS 回归残差项不存在空间相关性（表 4 - 6 第 3 列"残差莫兰指数"），而且所抽取的特征向量及其组合的空间相关性为正且都非常显著，说明变量 SF 较好地捕捉了样本数据存在的空间相关性。表 4 - 6 的结果说明，在对 EKC 进行计量经济分析时，模型（4.4）比模型（4.3）更恰当。结论与孙建（2015d）的研究类似。

表 4 - 6　　　　　　　　　　变量空间相关性检验结果

年份	区域人均碳排放量 LNPCO$_2$ 莫兰指数（相伴概率）	残差莫兰指数 （相伴概率）	特征向量 Ei 莫兰指数 （相伴概率）	变量 SF 莫兰指数 （相伴概率）
1997	0.230(0.017)	-0.014(0.858)	E1 0.750(0.015) E4 0.630(0.087)	0.604(<0.001)
2000	0.310(0.011)	-0.065(0.845)	E1 0.998(0.013) E4 0.770(0.057)	0.770(<0.001)
2003	0.179(0.006)	-0.475(0.146)	E4 0.770(0.065) E5 0.670(0.082)	0.731(<0.001)
2006	0.184(0.054)	-0.044(0.937)	E4 0.770(0.065) E12 0.203(0.07)	0.620(0.001)
2009	0.173(0.069)	-0.100(0.569)	E1 0.998(0.016) E4 0.770(0.073) E12 0.203(0.079)	0.615(<0.001)
2011	0.133(0.016)	-0.051(0.917)	E1 0.998(0.016) E12 0.203(0.057)	0.299(0.031)

资料来源：作者测算。

表 4 - 7 和表 4 - 8 是变量 LNPCO$_2$ 的面板单位根检验结果，可知变量是 1

阶单整变量。同理，可知其他变量也为 1 阶单整变量。变量协整关系的检验如表 4 - 9 所示，可知变量协整关系成立，用它们来进行回归分析，可以避免伪回归问题[①]。

表 4 - 7　　　　　　　　　变量 $LNPCO_2$ 单位根检验结果

检验方法	统计量	相伴概率
Im，Pesaran and Shin W – stat	– 0.07132	0.4826
ADF – Fisher Chi – square	44.14820	0.1983

资料来源：作者测算。

表 4 - 8　　　　　　　　变量 D（$LNPCO_2$）单位根检验结果

检验方法	统计量	相伴概率
Im，Pesaran and Shin W – stat	169.083	0.0000

资料来源：作者测算。

表 4 - 9　　　　　　　　　　变量协整关系的 Kao 检验

变量：$LNPCO_2$ LNCZNL LNCITY SF LNRPGDP LNRPGDP2

Null Hypothesis：No cointegration

Trend assumption：No deterministic trend

Lag selection：Automatic 1 lag by AIC with a max lag of 1

	t – Statistic	Prob.
ADF	– 3.2493	0.0015

资料来源：作者测算。

表 4 - 10 是模型（4.4）不考虑收入门槛效应时的参数估计结果。表 4 - 10 说明整体上来看，中国区域碳排放 EKC 曲线显倒 "U" 形曲线。变量 SF 的系数为 – 0.0677，在 1% 的显著性水平下不显著。

---

①　在进行计量经济建模特别是用到时间序列数据建模时，如果不考虑变量的协整关系，可能得出错误回归模型。参见孙建，齐建国. 中国区域知识溢出空间距离研究 [J]. 科学学研究，2011（11）：1643 - 1650.

表 4 – 10　　　　　　　　不考虑门槛效应的参数估计

变量	系数	标准差	T 值	P 值
人均 GDP 的对数 lnrpgdp	2.0918	0.2992	6.9902	0.0000
人均 GDP 对数的平方 lnrpgdp2	– 0.0700	0.0159	– 4.3937	0.0000
空间因子 sf	– 0.0677	0.2597	– 0.2608	0.7944

资料来源：作者测算。

表 4 – 11 列出模型（4.4）门槛个数检验结果，门槛变量是区域人均实际 GDP 的对数，F 表示似然比检验统计量，P 值是重复抽样 1000 次后计算得到的相伴概率值。显然，可以在 1% 的显著性水平下接受"有 2 个门槛"的原假设，说明样本存在 2 个门槛值[①]。

表 4 – 11　　　　　　　　门槛个数检验

统计量	无门槛	有 1 个门槛	有 2 个门槛
F 值	57.4846	15.9424	15.1268
P 值	0.0000	0.0050	0.0210

资料来源：作者测算。

表 4 – 12 给出了模型（4.4）门槛值的有关统计特征，门槛变量是区域人均实际 GDP 的对数，经过折算以后，可以看到，人均实际 GDP 的门槛值分别是 6867 元和 24081 元（1997 年不变价）。

表 4 – 12　　　　　　　　门槛值估计

门槛变量	估计值	95% 置信区间	人均实际 GDP
人均 GDP 的对数 lnrpgdp	8.8344	［8.8344　　8.8725］	6867
	10.0892	［9.9952　　10.6476］	24081

资料来源：作者测算。

注：表中数据均做了四舍五入处理。

---

① 实际上，门槛个数的检验过程比较复杂。这里只简单地列出最终结果。

表 4 - 13 给出了模型（4.4）的参数估计结果。当变量 lnrpgdp ≤ 8.8344 时（即人均实际 GDP 小于 6867 元，称为低收入区域），可以看到变量 lnrpgdp 的系数为 3.4076，lnrpgdp2 的系数为 - 0.1712，此二变量均在 10% 显著性水平下显著，说明这时碳排放 EKC 曲线呈倒"U"形，其拐点对应的收入水平为 20996 元。通过人均实际 GDP 阈值 6867 元与拐点值的比较可以看到，目前低收入区域碳排放与人均 GDP 的关系正处于 EKC 曲线的左侧。用来捕捉样本空间相关性的变量 sf 的系数为 - 1.4659，在 10% 的显著性水平下显著，可见在低收入区域，样本空间相关性对其碳排放有负向影响。比较表 4 - 10 和表 4 - 13 中变量 sf 的显著性，可知模型（4.4）比模型（4.3）更为恰当。当变量 8.8344 < lnrpgdp < 10.0892 时（即人均实际 GDP 介于 6867 元和 24081 元之间，称为中等收入区域），碳排放与人均实际 GDP 呈对数线性关系，变量 sf 也不显著。当 lnrpgdp ≥ 10.0892 时（即人均实际 GDP 大于 24081 元，称为高收入区域），碳排放 EKC 曲线呈倒"U"形，其拐点对应的收入水平为 173260 元，高收入区域碳排放与人均 GDP 的关系也处于 EKC 曲线的左侧。

表 4 - 13　　　　　　　　　　　门槛模型回归系数

解释变量	系数	校正校准差	T 统计值	P 值
人均 GDP 的对数 lnrpgdp（lnrpgdp ≤ 8.8344）	3.4076	1.5597	2.1848	0.0295
人均 GDP 对数的平方 lnrpgdp2（lnrpgdp ≤ 8.8344）	- 0.1712	0.0944	- 1.8128	0.0706
空间因子 sf（lnrpgdp ≤ 8.8344）	- 1.4659	0.7221	- 2.0302	0.0430
人均 GDP 的对数 lnpgdp（8.8344 < lnrpgdp < 10.0892）	2.8239	1.3620	2.0733	0.0388
人均 GDP 对数的平方 lnrpgdp2（8.8344 < lnrpgdp < 10.0892）	- 0.1042	0.0718	- 1.4511	0.1475
空间因子 sf（8.8344 < lnrpgdp < 10.0892）	- 0.2598	0.2421	- 1.0727	0.2840
人均 GDP 的对数 lnrpgdp（lnrpgdp ≥ 10.0892）	3.0470	1.2257	2.4860	0.0133

续表

解释变量	系数	校正校准差	T 统计值	P 值
人均 GDP 对数的平方 lnrpgdp2 （lnrpgdp≥10.0892）	−0.1263	0.0582	−2.1684	0.0307
空间因子 sf （lnrpgdp≥10.0892）	1.6427	0.2416	6.8008	0.0000

资料来源：作者测算。

注：表中数据均做了四舍五入处理。

4.5.3　环境变化内在机制分析

格罗斯曼和克鲁格（Grossman & Krueger，1995）在研究 EKC 曲线形成内在机制时发现污染物排放变化量主要受三个效应影响：一是规模效应，即产出增长带来的排污变化量；二是结构效应，即产业结构变化带来的排污变化量；三是技术效应，即技术进步带来的排污变化量。对这三个效应的研究有统计分解与计量经济两种方式（高宏霞等，2012；高静，2012；杨林和高宏霞，2012）。本节对 EKC 形成机制的探讨参照高静（2012）的做法。用各区域碳排放的对数来表示污染变化量（lnco2），用人均实际 GDP 来表示规模效应（lnrpgdp），用第二产业在三次产业中的比例来表示结构效应（lnindu），用能源强度即万元 GDP 能耗来表示技术进步[①]（lncznl）。控制变量包括城市化率（lncity）、FDI 依存度（FDI 占 GDP 的比重，lnfdiycd），控制变量的选择参考了胡蓝艺等（2013）人的研究。相关变量单位根及模型协整检验略去，表 4 - 14 是三区域参数估计结果。

由表 4 - 14 可知，在低收入区域，三大效应对碳排放均有显著正向影响，大小关系依次是规模效应、技术效应和结构效应。由于低收入区域处于产业链低端，承接了国外大量高排放产业，从而碳排放显著增加，所以 FDI 依存度对区域碳排放存在显著正向影响。在中等收入区域，三大效应及城市化水

---

①　对于技术水平，现有研究一般采用科研经费投入来表示，这主要是从技术进步的直接效应来考虑的。但这忽略了技术进步的间接效应，实际上技术进步改变经济增长方式从而使得污染物排放减少。所以从技术进步总体效应角度，借鉴张学刚（2009）、申萃（2012）等研究，本节用能源强度来衡量技术进步对环境经济的影响。

平对碳排放均有显著正向影响，三大效应的大小关系依次是规模效应、技术效应和结构效应。在高收入区域，规模效应与技术效应对其碳排放有显著正向影响，结构效应比较不明显。FDI 依存度对区域碳排放存在显著负向影响，说明高收入区域引进外资质量较高。

表 4 – 14　　　　　　　　　　　EKC 曲线三效应估计

变量	系数	标准差	T 值	P 值
规模效应 lnrpgdp≤8.8344				
规模效应 lnrpgdp	0.9749	0.0181	53.8166	0.0000
技术进步 lncznl	0.6927	0.0188	36.7772	0.0000
结构效应 lnindu	0.2461	0.0903	2.7258	0.0067
城市化率 lncity	− 0.0180	0.0199	− 0.9033	0.3669
FDI 依存度 lnfdiycd	0.0439	0.0112	3.9157	0.0001
空间因子 sf	− 0.4628	0.2081	− 2.2240	0.0041
8.8344 < 规模效应 lnrpgdp < 10.0892				
规模效应 lnrpgdp	0.9881	0.0136	72.4965	0.0000
技术进步 lncznl	0.6641	0.0114	58.3505	0.0000
结构效应 lnindu	0.2273	0.0413	5.5080	0.0000
城市化率 lncity	0.0744	0.0165	4.5172	0.0000
FDI 依存度 lnfdiycd	− 0.0068	0.0065	− 1.0423	0.2979
空间因子 sf	0.0849	0.0976	0.8691	0.3853
规模效应 lnrpgdp≥10.0892				
规模效应 lnrpgdp	0.9728	0.0128	75.7463	0.0000
技术进步 lncznl	0.7637	0.0153	49.9151	0.0000
结构效应 lnindu	0.0651	0.0482	1.3497	0.1779
城市化率 lncity	− 0.0152	0.0314	− 0.4853	0.6277
FDI 依存度 lnfdiycd	− 0.0175	0.0079	− 2.1970	0.0286
空间因子 sf	0.3827	0.0948	4.0375	0.0001

资料来源：作者测算。

注：表中数据均做了四舍五入处理。

4.6　本章小结

本章主要测算我国 30 个省区市（不包括西藏）1998 ~ 2014 年的碳排放强度，分析了区域碳排放强度的空间相关性和空间差异性。在建立计量经济模型时对所有变量进行单位根检验与协整检验，通过空间统计分析与计量模型分析，本章主要得出以下主要结论：

第一，中国区域碳排放强度存在显著为正的空间相关性。其中东部大部分地区位于低—低集聚的第三象限，而西部的大部分地区位于高—高集聚的第一象限。数据说明中国各个省域的碳排放强度存在明显的空间集聚性。

第二，中国区域碳排放强度的空间差异主要来源于非相邻区域，其贡献率大体上呈现出上升趋势，到 2014 年非相邻区域对空间差异的贡献率达到了 82.01%。在研究样本区间内，相邻区域对碳排放强度空间差异贡献率是在逐年下降。

第三，中国区域碳排放强度、人口、地区生产总值、能源消费结构、产业结构以及专利存量取对数后的数据进行面板单位根检验及协整检验，检验结果表明，所有变量均为一阶单整，且存在长期协整关系。从空间杜宾模型估计的结果可以看出，产业结构、人口、能源消费结构的直接效应为正，即这些影响因素的增大会促进碳排放强度的增大，而经济增长与专利存量对碳排放强度有直接抑制作用，其弹性系数分别为 0.526，0.236，0.137，-0.183，-0.045。间接效应中只有经济增长有负向溢出效应，而产业结构、人口、专利存量、能源消费结构均为正向溢出效应，其弹性系数分别为 -0.346，0.916，0.123，0.123，0.073。

第四，中国区域碳排放 EKC 曲线存在明显的双门槛收入效应。人均 GDP 的阈值分别为 6867 元和 24081 元（1997 年不变价），从而将中国区域分为高、中、低收入三个区域。在高、低收入区域碳排放 EKC 曲线均呈倒 "U" 形，区域碳排放与人均 GDP 的关系均处于 EKC 曲线的左侧。在中等收入区域，碳排放与人均 GDP 呈现对数线性关系；在高、中、低收入区域，环境变化的内在机制是互不相同的。规模效应与技术效应对三大区域碳排放有显著正向影响，结构效应对中低收入区域碳排放具有显著正向影响，而对高收入区域碳排放没有影响。对中低收入区域来说，三大效应的大小关系依次是规模效应、技术效应和结构效应，而对高收入区域来说仅存在规模效应和技术效应。

第5章 中国区域技术创新碳减排效应宏观计量模拟分析

5.1 引言

宏观计量经济模型是在西方国家首先发展起来的，宏观计量经济模型根据各种主要宏观经济指标之间的相互依存关系，通过计量经济模型描述国民经济和社会再生产各环节之间的联系，并具备宏观经济结构分析、政策评价、发展预测等功能。正因为宏观计量经济模型能够很好地把握国家宏观经济形势以及其研究角度的多重性，长期以来，这种建模方法一直倍受国内外学者的青睐。

黄耀军（2002）将政府预算变动分为随意变动、自动变动、总体变动，并利用宏观计量经济模型分析了预算变动对经济扩张的影响，结果显示，自动变动和总体变动对经济增长呈正面影响，预算随意变动对经济增长多呈负面影响。李晓琴等（2008）在传统的宏观计量经济模型中加入了理性预期，建立了中国月度宏观计量经济模型，并分析了宏观经济中各种变量之间的关系。刘娇（2011）以小型宏观计量经济模型为基础，分析了辽宁省县域财政投入对经济发展、消费和投资的影响。研究结果表明，不同的财政支出效率将导致财政支出效果不同，财政支出高效率和低效率地区形成的消费效果较好，而中等效率地区在促进资本形成方面效果较好。张前荣（2012）利用季度数据向量自回归模型和多部门动态模型对中国碳排放量进行了预测，通过模型就碳税征收对我国宏观经济和各产业部门的影响进行了定量研究。冯贞柏（2013）研究结果表明，总体上看，出口增长对

73

中国经济增长是有效的，但效率不高。毛明明和孙建（2015a）建立了包含经济增长、碳排放以及外商直接投资在内的联立方程来分析区域 FDI 与二氧化碳排放的关系。毛明明和孙建（2015b）通过构造包含 FDI 对碳排放的四种效应的联立方程，用双向固定效应模型，结果表明，京津冀地区 FDI 对碳排放的总的影响弹性是 0.4429。孙建（2015c）利用宏观计量经济协整模型研究了中国 R&D 经费支出和 R&D 人员投入对二氧化碳排放的影响，结果发现，二者均有助于削减二氧化碳排放，但总体效应较小。徐淑丹（2016）通过构建基于投资的中国宏观经济模型，对政府投资进行历史模拟、预测和反历史模拟。孙习武和张炳君（2016）基于凯恩斯国民收入决定理论建立青岛市年度宏观经济模型，对"十三五"时期主要经济指标做出预测，通过指标的纵向对比分析，提出未来五年青岛市应着力推动人力资源与科技创新双提升，实现先进制造业与现代服务业双驱动，并切实启动消费与投资双引擎，可达成 7.5% 左右的经济增长目标。李文溥等（2016）模拟研究发现，维护人民币币值稳定在当前经济环境下是更有利的政策选择；做好供给侧结构性改革，关键在于清楚地认识需求结构及其基本发展变化趋势。

卡马达等（Kamada et al.，2002）建立了亚太地区的多边国家宏观经济模型，涉及的国家和地区有中国大陆、中国香港特区、美国、日本、韩国、印度尼西亚、新加坡、泰国、菲律宾和马来西亚，模型由 170 多个方程组成，通过对外生变量的情景模拟，发现国际资本的快速流动加剧了东亚地区经济的商业周期波动等结论。巴克等（Barker et al.，2008）建立了一个全球能源—环境—经济宏观计量经济模型，并设定了三种情景来分析全球碳排放问题，模拟结果认为，将二氧化碳的价格增至每吨 100 美元和实行特定的技术战略政策均能够实现全球经济低碳化。莱尔等（Lehr et al.，2011）利用一个环境宏观计量经济模型分析了德国可再生能源投资扩张的经济效应，该文对国际能源价格、国内基础设施投资和国际贸易进行了情景分析，分析结果显示，这些因素对德国的宏观经济增长均有积极作用。阿斯特里奥等（Asteriou et al.，2011）为了检测希腊宏观经济政策在处理公共债务的有效性，利用 1980~2010 年的希腊宏观经济数据建立了一个小型宏观经济模型，并进行了多种的情景模拟，结果显示，现实经济政策没有体现出有效性。乌尔贝特和格鲁奥迪斯（Urbaitė & Gruodis，2012）建立了立陶宛的宏观计量经济模型，对立陶宛平均工资和失业率的三种模拟情景（消极情况、温和情况、积极情况）进行了分析，预测结果显示，立陶宛平均工资在 2016 年会显著上升，失业率显著下降，经济实现复苏。格雷奇等（Grech et al.，2013）利用 2000～2011 年的马耳他宏观经济数据，建立了一个由 19 个行为方程组成的小型宏观经济模型，并分析了四种刺激政策（提高利率、提高石油价格、提高汇率和提高国际需求）的宏观经济效应，模拟结果显示，利率政策的经济效应较弱，而国际需求变动的经济效应较强，马耳他经济受石油价格和汇率震荡的影响相对显著。科米特和坎斯（Comite & Kancs，2015）利用四种宏观经济模型（QUEST、RHOMOLO、GEM－E3、NEMESIS）对 R&D 的传导机制和政策冲击进行了比较分析，结果显示，QUEST 模型适用于估计 R&D 和创新政策的时间影响，RHOMOLO 模型在研究创新活动和知识溢出方面具有优势，GEM－E3 模型适用于估计清洁能源方面的创新影响，NEMESIS 模型在分析多种创新措施方面具有优势。

　　前人对宏观计量经济模型已进行了丰富的研究和运用，为本课题的继续研究提供了翔实的资料和丰富的经验。总结现有宏观计量经济模型方面的文献，发现如下不足：（1）在应用情景分析时，多数文献是从外生变量的变化出发从而模拟出目标内生变量的变动情况，而鲜有研究由目标内生变量推算目标外生变量的文献；（2）在应用情景分析时，也鲜有文献综合考虑外生变量的变动对内生变量的特定目标影响。鉴于以上两点，本章不仅沿袭了宏观计量经济模型情景分析"由外到内"的传统分析模式，还尝试利用"由内到外"的角度来研究我国宏观经济中区域技术创新的二氧化碳减排效应。

5.2 中国区域—宏观计量经济模型构建

5.2.1 模型理论基础

本章根据 GDP 支出法和生产法的定义，以国民产品和收入核算体系（SNA）的统计数据为基础，结合宏观经济相关理论及国家供给侧改革实际，引入供给需求双向联动机制，构建中国区域—宏观经济模型。总供给由一、二、三次产业的生产活动决定，总需求由政府消费、居民消费、资本形成总额和净出口决定，供需缺口将影响国内居民消费价格进而影响其他宏观经济变量（孙建，2012）。宏观计量经济模型涉及消费、投资、进出口、收入等相关理论。

1992 年我国社会主义市场经济体制基本确立，同时 1992 年我国开始以国民产品和收入核算体系（SNA）进行季度 GDP 核算（周凌瑶，2010），因此本章宏观计量经济模型的研究样本限于 1992~2014 年。考虑到各经济组成部分的经济行为还可能发生某些变化，在模型参数估计过程中，首先利用格雷戈里和汉森（Gregory & Hansen，1996）的内生结构突变方法检测行为方程可能存在的结构突变点（这一方法同时也可以检验行为方程的协整关系），在找到行为方程可能存在的突变点的基础上再利用 EVIEWS9.0 版本中带断点 OLS 方法（least squares with breakpoints）对行为方程进行参数估计。有关带断点 OLS 法（least squares with breakpoints）的技术介绍参见 EViews9.0 版本的 Users GuideII 部分，有关结构突变协整估计方法可参见格雷戈里和汉森的研究。

5.2.2 模型结构

宏观计量模型分为生产模块、能源模块、污染物排放模块等九大模块，模块主要关系如图 5 - 1 所示。宏观计量经济模型共有 65 个方程，其中行为方程达 40 个，共有 79 个变量，其中外生变量 13 个，见表 5 - 1 和表 5 - 2。

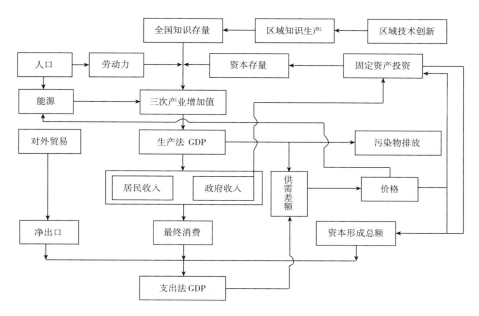

图 5-1 模型结构

表 5-1 宏观计量经济模型内生变量

变量	含义	单位
GYSO2	工业 SO_2 排放量	万吨
GYSO2QD	工业 SO_2 排放强度	万吨/亿元
GYGL	工业固体废物综合利用率	%
GYFS	工业废水排放总量	亿吨
NYXF	能源消费量	万吨标煤
NYSC	能源生产量	万吨标煤
DWNH	单位 GDP 能耗(倒数表示能源效率)	万吨/亿元
CO_2	CO_2 排放量	万吨
CO_2QD	CO_2 排放强度	万吨/亿元
ZFXF	政府消费(现价)	亿元
NCZC	农村居民人均消费支出(现价)	元
CZZC	城镇居民人均消费支出(现价)	元
ZXF	总消费(现价)	亿元

续表

变量	含义	单位
ZXFC	总消费(不变价)	亿元
ZBZE	资本形成总额(现价)	亿元
GDP	生产法国内生产总值(现价)	亿元
GDPC	生产法国内生产总值(不变价)	亿元
GDPE	支出法国内生产总值(现价)	亿元
YXZC	一般公共预算支出(现价)	亿元
YXSY	一般公共预算收入(现价)	亿元
YCGT	第一产业固定资产投资(现价)	亿元
YCGTC	第一产业固定资产投资(不变价)	亿元
ECGT	第二产业固定资产投资(现价)	亿元
ECGTC	第二产业固定资产投资(不变价)	亿元
SCGT	第三产业固定资产投资(现价)	亿元
SCTGC	第三产业固定资产投资(不变价)	亿元
SHGT	全社会固定资产投资(现价)	亿元
IFC	全社会固定资产投资(不变价)	亿元
KV1	第一产业资本存量	亿元
KV2	第二产业资本存量	亿元
KV3	第三产业资本存量	亿元
YCJY	第一产业就业人员数	万人
ECJY	第二产业就业人员数	万人
SCJY	第三产业就业人员数	万人
JYRS	三次产业就业人员数	万人
JKZE	进口总额(现价)	亿元
CKZE	出口总额(现价)	亿元
FDIRENMIBI	实际使用外商直接投资	亿元
OGAP	生产法 GDP 与支出法 GDP 差额	亿元
CPI	居民消费价格指数(1992 = 100)	%
PGDP	GDP 缩减指数	%
GDRS	固定资产投资品价格指数(1992 = 100)	%

续表

变量	含义	单位
LSRS	零售物价总指数(1992＝100)	%
YCRS	第一产业增加值缩减指数(1992＝100)	%
ERRS	第二产业增加值缩减指数(1992＝100)	%
SCRS	第三产业增加值缩减指数(1992＝100)	%
NCXF	农村居民消费(现价)	亿元
NCXFC	农村居民消费(不变价)	亿元
NCPI	农村居民消费价格指数(1992＝100)	%
JMXF	居民消费(现价)	亿元
JMXFC	居民消费(不变价)	亿元
CZXF	城镇居民消费(现价)	亿元
CZXFC	城镇居民消费(不变价)	亿元
CCPI	城镇居民消费价格指数(1992＝100)	%
PJGZ	城镇单位就业人员平均工资	元
GDP1	第一产业增加值(现价)	亿元
GDP1C	第一产业增加值(不变价)	亿元
GDP2	第二产业增加值(现价)	亿元
GYZC	工业增加值(现价)	亿元
GDP2C	第二产业增加值(不变价)	亿元
GDP3	第三产业增加值(现价)	亿元
GDP3C	第三产业增加值(不变价)	亿元
FDIRENMINBI	实际使用外商直接投资	亿元
GYRS	工业生产者购进价格指数(1992＝100)	%
NHSR	农村居民家庭人均纯收入(现价)	元
CSSR	城镇居民家庭人均可支配收入(现价)	元

表 5－2　　　　　　　　宏观计量经济模型外生变量

变量	含义	单位
HJZE	环境污染治理投资总额	亿元
ZYS	资源税	亿元
XFS	消费税	亿元
PWF	排污费	万元

变量	含义	单位
NCRK	农村人口数	万人
MYHL	汇率(1 美元 = 人民币数)	
CZRK	城镇人口数	万人
NYRS	农业生产资料价格指数(1992 = 100)	%
NYJG	燃料、动力类工业生产者购进价格指数(能源价格)	%
OEPI	OECD 组织全部成员的 GDP 平减指数(1992 = 100)	%
SJXQ	OECD 组织全部成员进口额	十亿美元
NYJIEGOU	能源结构(煤炭占比)	%
ZSCL	全国技术创新知识存量(全国专利授权存量)	

5.2.3 模型方程体系

宏观计量经济模型中所有变量都经过单位根检验,所有行为方程都通过协整检验。同时,所有行为方程都通过显著性水平为 5% 的方程显著性检验。大部分变量都通过显著性水平为 5% 的变量显著性检验,只有极个别变量没有通过 5% 的变量显著性检验,但从经济理论出发,也把这类变量保留在模型中。所有行为方程都通过自相关检验(孙建,2012)。宏观计量经济模型内生变量的平均绝对百分比误差如表 5-3 所示,根据赵国庆和杨健(2003)、李子奈和潘文卿(2010)等人的研究,可以认为模型系统总体拟合效果较好,可以用于政策评价模拟分析。

(1)生产模块。

LOG (GDP1/ (YCRS/100)) = @ BEFORE("1998") * (7.4892 + 0.4130 * LOG (KV1)) + @ DURING("19982002") * (8.3815 + 0.0851 * LOG (KV1)) + @ AFTER("2003") * (8.3350 + 0.0897 * LOG (KV1)) + 0.0408 * LOG (ZSCL) + 0.1468 * LOG (NYXF) − 0.1861 * LOG (YCJY)

LOG (GDP2/ (ERRS/100)) = @ BEFORE("2004") * (− 14.9765 + 0.8605 * LOG (KV2 (−1))) + @ DURING("20042009") * (− 10.8634 + 0.2479 * LOG (KV2 (−1))) + @ AFTER("2010") * (− 9.2410 + 0.0365 * LOG (KV2 (−1))) + 0.2435 * LOG (ZSCL) + 0.4647 * LOG (ECJY) +

0. 2321 * LOG （NYXF）

LOG （GDP3/ （SCRS/100）） = @ BEFORE（"2007"）* （1. 6944 + 0. 6136 * LOG （KV3）） + @ AFTER（"2007"）* （3. 2830 + 0. 4172 * LOG （KV3）） + 0. 0118 * LOG （ZSCL） + 0. 3077 * LOG （SCJY） + 0. 0778 * LOG （NYXF）

LOG （GYZC/ （ERRS/100）） = @ BEFORE （"1998"）* （ - 8. 6416 + 1. 2834 * LOG （ZXF/ （CPI/100））） + @ AFTER （"1998"）* （ - 2. 3054 + 0. 6612 * LOG （ZXF/ （CPI/100））） + 0. 4687 * LOG （NYXF）

LOG （ZBZE/ （CPI/100）） = 3. 4966 + 0. 6972 * LOG （（SHGT - FDIREN-MINGBI） / （CPI/100）） + 0. 2163 * LOG （FDIRENMINGBI/ （CPI/100）） + 0. 0310 * @ AFTER （"1998"） * LOG （FDIRENMINGBI （ - 1） / （CPI （ - 1） /100））

OGAP = - 0. 1006 - 1. 0000 * GDPE + 1. 0000 * GDP1 + 1. 0000 * GDP2 + 1. 0000 * GDP3

GDP = GDP1 + GDP2 + GDP3

GDP1C = GDP1/ （YCRS/100）

GDP2C = GDP2/ （ERRS/100）

GDP3C = GDP3/ （SCRS/100）

GDPC = GDP/ （PGDP/100）

GDPE = ZBZE + ZXF + CKZE - JKZE

（2） 劳动力模块。

LOG （YCJY） = - 10. 4079 + 0. 0124 * @ AFTER（"2000"） * LOG （ZXF/ （CPI/100）） + 1. 8425 * LOG （NCRK）

LOG （ECJY） = @ BEFORE（"2005"）* （9. 2186 - 0. 2363 * LOG （PJGZ/ （CPI/100））） + @ AFTER（"2005"）* （9. 3427 + 0. 0034 * LOG （PJGZ/ （CPI/100））） + 0. 2922 * LOG （GDP2/ （ERRS/100））

LOG （SCJY） = @ BEFORE（"1995"） * 9. 3781 + @ AFTER（"1995"） * 9. 5152 + 0. 3130 * LOG （ZXF/CPI/100）

JYRS = YCJY + ECJY + SCJY

（3）收入模块。

LOG （NHSR／（NCPI/100）） ＝@ BEFORE（"1996"）＊（6.0099＋1.2139
＊LOG （NHSR （－1）／（NCPI （－1）/100）））＋@ DURING（"19961999"）
＊（3.9505＋0.3464＊LOG （NHSR （－1）／（NCPI （－1）/100）））＋@ AF-
TER("2000"）＊（4.6815＋0.6993＊LOG （NHSR （－1）／（NCPI （－1）／
100）））＋0.4577＊LOG （GDP1/NCRK／（YCRS/100））

LOG （CSSR／（CCPI/100）） ＝@ BEFORE （"2000"）＊（－0.2334＋
0.3373＊LOG （PJGZ／（CPI/100）））＋@ AFTER（"2000"）＊（－0.2167＋
0.3897＊LOG （PJGZ／（CPI/100）））＋0.5351＊LOG （CSSR （－1）／（CCPI
（－1）/100））

LOG （PJGZ／（CPI/100）） ＝@ BEFORE（"1997"）＊（2.2084＋0.3380＊LOG
（GDP （－1）／（PGDP （－1）/100）/JYRS））＋@ DURING（"19971999"）＊
（18.0782＋1.9715＊LOG （GDP （－1）／（PGDP （－1）/100）/JYRS））＋
@ DURING("20002002"）＊（18.0102＋1.9658＊LOG （GDP （－1）／（PGDP
（－1）/100）/JYRS））＋@ AFTER("2003"）＊（9.3803＋1.0391＊LOG （GDP
（－1）／（PGDP （－1）/100）/JYRS））

LOG （YXSR／（CPI/100）） ＝@ BEFORE("1996"）＊（－0.8828－0.0658＊
LOG （GDP／（PGDP/100）））＋@ DURING （"19962000"）＊（－3.5503＋
1.8377＊LOG （GDP／（PGDP/100）））＋@ AFTER（"2001"）＊（－2.8347＋
1.4873＊LOG （GDP／（PGDP/100）））＋0.0204＊LOG （YXSR （－1）／（CPI
（－1）/100））

（4）消费模块。

LOG （YXZC／（CPI/100）） ＝@ BEFORE("1998"） ＊0.0385＋@ AFTER
（"1998"） ＊0.1364＋0.4911＊LOG （YXZC （－1）／（CPI （－1）/100））
＋0.4769＊LOG （YXSR／（CPI/100））

LOG （NCZC/NCPI/100） ＝@ BEFORE（"2000"）＊（－0.5335＋0.8349＊
LOG （NHSR／（NCPI/100）））＋@ DURING （"20002010"）＊（－0.1909＋
0.9744＊LOG （NHSR／（NCPI/100）））＋@ AFTER（"2011"）＊（－0.1464＋
0.9728＊LOG （NHSR／（NCPI/100）））

LOG（CZZC/（CCPI/100））＝－0.0263＋0.3653＊LOG（CSSR/（CC-PI/100））＋0.5668＊LOG（CZZC（－1）/（CCPI（－1）/100））

LOG（ZFXF/（PGDP/100））＝@ BEFORE（"1996"）＊（1.5145＋1.3761＊LOG（YXSR（－1）/（PGDP（－1）/100）））＋@ DURING（"19962000"）＊（0.2479＋0.0933＊LOG（YXSR（－1）/（PGDP（－1）/100）））＋@ DUR-ING（"20012007"）＊（－0.0157－0.3729＊LOG（YXSR（－1）/（PGDP（－1）/100）））＋@ AFTER（"2008"）＊（－0.2310－0.0652＊LOG（YXSR（－1）/（PGDP（－1）/100）））＋0.8951＊LOG（YXSR/（PGDP/100））

NCXF＝NCZC＊（NCRK/10000）

NCXFC＝NCXF/（NCPI/100）

CZXF＝CZZC＊（CZRK/10000）

CZXFC＝CZXF/（CCPI/100）

JMXF＝NCXF＋CZXF

JMXFC＝JMXF/（CPI/100）

ZXF＝ZFXF＋JMXF

ZXFC＝NCXFC＋CZXFC＋ZFXF/（CPI/100）

（5）投资模块。

LOG（SHGT/（GDRS/100））＝@ BEFORE（"2003"）＊（－0.5233－0.0365＊LOG（YXZC/（CPI/100）））＋@ DURING（"20032010"）＊（－0.4552＋0.5260＊LOG（YXZC/（CPI/100）））＋@ AFTER（"2011"）＊（－0.5848＋0.5055＊LOG（YXZC/（CPI/100）））＋1.1329＊LOG（ZXF（－1）/（CPI（－1）/100））

LOG（YCGT/（GDRS/100））＝@ BEFORE（"2003"）＊（－2.1142＋0.5638＊LOG（YCGT（－1）/（GDRS（－1）/100）））＋@ DURING（"20032007"）＊（－4.1418－0.2072＊LOG（YCGT（－1）/（（GDRS（－1）/100）））＋@ AFTER（"2008"）＊（－3.8076－0.1592＊LOG（YCGT（－1）/（GDRS（－1）/100）））＋1.0270＊LOG（SHGT/（GDRS/100））

LOG（ECGT/（GDRS/100））＝@ BEFORE（"1998"）＊（－0.6001＋0.6715＊LOG（SHGT/GDRS/100））＋@ DURING（"19982004"）＊（－1.2140＋1.1950＊

LOG（SHGT/（GDRS/100）））+@ AFTER（"2005"）*（ $-0.7142+0.9456*$ LOG（SHGT/（GDRS/100）））

LOG（SCGT/（GDRS/100））=@ BEFORE（"1997"）*（ $-0.2886+$ $0.3352*$ LOG（SHGT/（GDRS/100）））+@ AFTER（"1997"）*（ $-0.1846+$ $0.5246*$ LOG（SHGT/（GDRS/100）））+ $0.4469*$ LOG（SCGT（ -1 ）/（GDRS（ -1 ）/100））

KV1= $0.95*$ KV1（ -1 ）+YCGTC

KV2= $0.95*$ KV2（ -1 ）+ECGTC

KV3= $0.95*$ KV3（ -1 ）+SCGTC

YCGTC=YCGT/（GDRS/100）

ECGTC=ECGT/（GDRS/100）

SCGTC=SCGT/（GDRS/100）

SHGTC=YCGTC+ECGTC+SCGTC

（6）价格模块。

LOG（GDRS）=@ BEFORE（"2002"）*（ $1.1041+0.7751*$ LOG（LSRS））+@ AFTER（"2002"）*（ $-1.1809+1.2470*$ LOG（LSRS））

LOG（CPI）=@ BEFORE（"2000"）*（ $-0.5507+1.8828*$ OGAP（ $-$ 2）/（CPI（ -2 ）/100））+@ AFTER（"2000"）*（ $-0.4701-0.0562*$ OGAP（ -2 ）/（CPI（ -2 ）/100））+ $1.1440*$ LOG（LSRS）+ $0.0290*$ LOG（XFS/（CPI/100））

LOG（GYRS）= $7.5433+0.1173*$ LOG（ZYS/（CPI/100））+ $0.2986*$ LOG（PWF/（CPI/100））

LOG（CCPI）=@ BEFORE（"1997"）*（ $-0.3876+0.2269*$ LOG（YCRS））+@ DURING（"19972000"）*（ $5.2283-0.8281*$ LOG（YCRS））+@ AFTER（"2001"）*（ $0.3220+0.1118*$ LOG（YCRS））+ $0.8585*$ LOG（LSRS）

LOG（NCPI）=@ BEFORE（"1997"）*（ $-0.0009+0.6935*$ LOG（LSRS））+@ DURING（"19972004"）*（ $2.8785+0.1370*$ LOG（LSRS））+@ AFTER（"2005"）*（ $1.4281+0.4277*$ LOG（LSRS））+ $0.3066*$ LOG

（YCRS）

LOG （LSRS） = @ BEFORE（＂2001＂）＊（1.3056 + 0.7201 ＊ LOG（YCRS））+ @ AFTER（＂2001＂）＊（3.3323 + 0.3211 ＊ LOG（YCRS））

LOG （YCRS） = @ BEFORE（＂2005＂）＊（ − 0.5915 + 0.1434 ＊ LOG（PJGZ））+ @ AFTER（＂2005＂）＊（ − 1.1760 + 0.1940 ＊ LOG（PJGZ））+ 0.8836 ＊ LOG（NYRS）

LOG （ERRS） = @ BEFORE（＂1998＂）＊（0.7292 + 0.0856 ＊ LOG（PJGZ（ − 1）））+ @ DURING（＂19982006＂）＊（1.6338 − 0.0217 ＊ LOG（PJGZ（ − 1）））+ @ AFTER（＂2007＂）＊（0.9202 + 0.0535 ＊ LOG（PJGZ（ − 1）））+ 0.6854 ＊ LOG（GYRS）

LOG （SCRS） = @ BEFORE（＂2004＂）＊（ − 0.4742 + 0.3237 ＊ LOG（PJGZ））+ @ AFTER（＂2004＂）＊（ − 0.6145 + 0.3330 ＊ LOG（PJGZ））+ 0.5440 ＊ LOG（LSRS）

LOG （PGDP） = @ BEFORE（＂2004＂）＊（0.3388 − 0.2993 ＊ LOG（LSRS））+ @ AFTER（＂2004＂）＊（ − 3.1079 + 0.3932 ＊ LOG（LSRS））+ 0.3164 ＊ LOG（GDRS） + 0.9079 ＊ LOG（CPI）

（7） 对外经贸模块。

LOG （JKZE/（PGDP/100）） = @ BEFORE（＂1996＂）＊（ − 3.9244 + 5.6594 ＊ LOG（ZXF/（CPI/100）））+ @ DURING（＂19962002＂）＊（ − 0.1854 + 0.9008 ＊ LOG（ZXF/（CPI/100）））+ @ AFTER（＂2003＂）＊（ − 0.6023 + 1.4500 ＊ LOG（ZXF/（CPI/100）））+ 2.3690 ＊ LOG（OEPI/PGDP（ − 1））

LOG （CKZE/（PGDP/100）） = @ BEFORE（＂1999＂）＊（ − 12.5106 − 2.4828 ＊ LOG（SJXQ/（OEPI/100）））+ @ DURING（＂19992001＂）＊（ − 1.2806 + 2.2857 ＊ LOG（SJXQ/（OEPI/100）））+ @ AFTER（＂2002＂）＊（ − 2.4231 + 0.8870 ＊ LOG（SJXQ/（OEPI/100）））+ 0.5083 ＊ LOG（CKZE（ − 1）/（PGDP（ − 1）/100）） − 0.9818 ＊ LOG（OEPI（ − 1）/（PGDP（ − 1）））+ 1.6009 ＊ LOG（MYHL）

LOG （FDIRENMINGBI/（PGDP/100）） = − 1.1043 + 0.0859 ＊ LOG（CKZE/（PGDP/100））+ 0.2808 ＊ LOG（FDIRENMINGBI（ − 1）/（PGDP

（−1）/100））

（8）能源模块。

LOG（NYXF）= @ BEFORE（"2000"）∗（−60.8400−0.3110∗LOG（NYJG））+ @ AFTER（"2000"）∗（−62.0820−0.0813∗LOG（NYJG））+ 0.8447∗LOG（NYSC）+ 0.3900∗LOG（NYXL（−1））+ 5.4507∗LOG（CZRK + NCRK）

LOG（NYSC）= @ BEFORE（"2001"）∗（0.6681 + 0.9156∗LOG（NYXF））+ @ DURING（"20012005"）∗（3.7255 + 0.6613∗LOG（NYXF））+ @ AFTER（"2006"）∗（−2.0240 + 1.1178∗LOG（NYXF））+ 0.5837∗LOG（GYZC/GDP）+ 0.0614∗LOG（SHGT（−1））+ 0.1932∗LOG（NYXL）

LOG（1/DWNH）= @ BEFORE（"2001"）∗（−8.6322 + 0.5700∗LOG（ZSCL））+ @ AFTER（"2001"）∗（−1.6295 + 0.0279∗LOG（ZSCL））+ 0.6533∗LOG（NYJIEGOU（−2））−4.6809∗LOG（GYZC/GDP2）

（9）污染物排放模块。

LOG（GYSO2/GYZC）= 1.1791−0.4544∗LOG（HJZE）−0.2467∗LOG（PWF（−1））−0.1946∗@ AFTER（"2008"）∗LOG（ZSCL）+ 0.3439∗LOG（（JKZE + CKZE）/GDP）+ 2.6922∗@ AFTER（"2008"）

LOG（CO_2/（GDP/（CPI/100）））= 5.4588 + 0.5905∗LOG（（JKZE + CKZE）/GDP）−0.2398∗LOG（ZSCL）−0.1324∗LOG（HJZE/（CPI/100））−7.1157∗@ AFTER（"2000"）∗LOG（GYZC/GDP2）

LOG（GYGL）= 3.8009 + 0.1160∗LOG（ZSCL）+ 1.7248∗LOG（GDP2/GDP）

LOG（GYFS）= 2.2950−0.4075∗LOG（ZSCL）+ 0.8117∗LOG（GYZC/（ERRS/100））−0.0063∗@ AFTER（"2008"）∗LOG（HJZE/（CPI/100））

GYSO2QD = GYZC/（CPI/100）

CO_2QD = CO_2/GDP/（CPI/100）

表 5 - 3 　　　　　　　　行为方程内生变量平均绝对百分比误差

变量	含义	误差率(%)	备注
GYSO2	工业 SO_2 排放量	2.3229	
GYSO2QD	工业 SO_2 排放强度	0.5609	$GYSO_2/GYZC$，GYZC 取实际值，建模时在 EVIEWS 中直接计算
GYGL	工业固体废物综合利用率	4.1326	
GYFS	工业废水排放总量	1.0198	
NYXF	能源消费量	0.5169	
NYSC	能源生产量	0.3339	
DWNH	单位 GDP 能耗(倒数表示能源效率)	1.3943	建模时在 EVIEWS 中直接计算
CO_2	CO_2 排放量	1.2278	建模时在 EVIEWS 中直接计算
CO_2QD	CO_2 排放强度	0.7047	CO_2/GDP，GDP 取实际值，建模时在 EVIEWS 中直接计算
ZFXF	政府消费(现价)	1.0862	
NCZC	农村居民人均消费支出(现价)	0.7262	
CZZC	城镇居民人均消费支出(现价)	1.9629	
ZBZE	资本形成总额(现价)	2.2475	
YXZC	一般公共预算支出(现价)	2.4079	
YXSR	一般公共预算收入(现价)	1.6125	
YCGT	第一产业固定资产投资(现价)	3.5906	
ECGT	第二产业固定资产投资(现价)	2.7997	
SCGT	第三产业固定资产投资(现价)	2.7787	
SHGT	全社会固定资产投资(现价)	2.5463	
YCJY	第一产业就业人员数	2.3305	
ECJY	第二产业就业人员数	1.1757	
SCJY	第三产业就业人员数	1.9049	

续表

变量	含义	误差率(%)	备注
JKZE	进口总额(现价)	4.2871	
CKZE	出口总额(现价)	3.0103	
FDIRENMIBI	实际使用外商直接投资	4.6336	
OGAP	生产法 GDP 与支出法 GDP 差额	0.0172	
CPI	居民消费价格指数(1992＝100)	0.6589	
PGDP	GDP 缩减指数	1.0815	
GYRS	工业生产者购进价格指数(1992＝100)	2.6761	
GDRS	固定资产投资品价格指数(1992＝100)	2.3194	
LSRS	商品零售物价总指数(1992＝100)	1.0324	
YCRS	第一产业增加值缩减指数(1992＝100)	1.5659	
ERRS	第二产业增加值缩减指数(1992＝100)	0.4618	
SCRS	第三产业增加值缩减指数(1992＝100)	0.9798	
NCPI	农村居民消费价格指数(1992＝100)	0.3446	
CCPI	城镇居民消费价格指数(1992＝100)	0.5400	
PJGZ	城镇单位就业人员平均工资	0.9448	
GDP1	第一产业增加值(现价)	0.2679	
GDP2	第二产业增加值(现价)	0.4732	
GYZC	工业增加值(现价)	0.9108	
GDP3	第三产业增加值(现价)	0.8006	
CKZE	出口总额(现价)	3.8216	
NHSR	农村居民家庭人均纯收入(现价)	0.4350	
CSSR	城镇居民家庭人均可支配收入(现价)	0.6145	

5.3　基准方案的设立

所谓基准方案就是指将模型外生变量在样本区间外的取值确定以后，运行并求解模型，把所得结果作为后面各模拟方案比较的基础，将这一结果称为基准方案。要设立基准方案，必须首先确定模型所涉及的外生变量在样本区间外的取值，在这里就是要确定外生变量在 2015～2030 年的取值。

经计算，2000～2014 年我国 R&D 研发实际支出的年均增长率为 18.37%，专利授权量年均增长率为 21.75%，全国技术创新知识存量 ZSCL 的年均增长率为 20.30%。"十三五"规划指出，要实施创新驱动发展战略，发挥科技创新在全面创新中的引领作用，加强基础研究，强化原始创新、集成创新和引进消化吸收再创新，着力增强自主创新能力，为经济社会发展提供持久动力。本章对外生变量 ZSCL 的预测，采用一种区域层面与国家层面相联系的计算方式①。首先，利用第三章的区域技术创新模型（3.11）计算出 2015～2030 年区域专利授权量 patsq 的预测值；其次，将各年份的区域专利授权量预测值加总得到全国专利授权量预测值；最后，利用全国技术创新知识存量 ZSCL 与专利授权量 patsq 建立如下计量经济模型：

$$ZSCL_t = C + \beta_1 patsq_t + \varepsilon_t \tag{5.1}$$

利用式（5.1）估计出 ZSCL 在 2015～2030 年的取值。式 5.1 中 t 为年份，C 为常数项，β_1 为专利授权量 patsq 的系数，ε_t 是随机干扰项。对于区域技术创新模型中的其他外生变量来说，它们在 2015～2030 年的数据采用年均增长率计算。

1982 年国务院发布了《征收排污费暂行办法》，1989 年我国正式公布并施行《中华人民共和国环境保护法（试行）》（以下简称《环保法》）等文件，一系列环保制度的建立表明了国家对环境保护的重视度越来越高。法律制度的不断完善为环保制度的健全提供了可能，2003 年国务院发布并施行《排污费征收使用管理条例》并废止《征收排污费暂行办法》，2015 年新《环保法》开始施行。为了在取得金山银山的同时不丢掉绿水青山，国家对环境保护的力度逐渐加大，对污染的容忍度逐渐缩小。据统计，2002～2014 年我国环境污染治理投资总额 HJZE 年均增长率为 17.79%，排污费 PWF 年均增长率 9.52%。据此，本节设置 2015～2030 年环境污染治理投资总额 HJZE 和排污费 PWF 的年均增长率分别为其两者近 10 年来的年均增长率 17.79% 和 9.52%。

1984 年，为了逐步建立和健全我国的资源税体系，我国开始征收资源税。当时资源税税目只有煤炭、石油和天然气三大类。目前，我国资源税税目包

---

① 可参见本书图 1-1 和图 5-1。

括七大类：原油、天然气、煤炭、其他非金属矿原矿、黑色金属矿原矿、有色金属矿原矿、盐。1994 年税制改革中，我国在流转税中又新增了消费税。随着我国社会主义市场经济制度的不断完善，消费税制度也在不断丰富和改进。"十三五"规划指出，要加快财税体制改革，按照优化税制结构、稳定宏观税负、推进依法治税的要求全面落实税收法定原则，建立税种科学、结构优化、法律健全、规范公平、征管高效的现代税收制度，逐步提高直接税比重。建立规范的消费型增值税制度，完善消费税制度，实施资源税从价计征改革，逐步扩大征税范围。同时，经计算，2002 ~ 2014 年我国资源税年均增长率约为 25.81%；1994 ~ 2014 年消费税年均增长率约为 20.92%。据此，本章设置 2015 ~ 2030 年资源税 ZYS 和消费税 XFS 的年均增长率分别为 25% 和 21%①。

　　碳基能源的使用是二氧化碳的主要来源。在能源方面，我国是一个多煤、贫油、少气的国家。据统计，1992 年我国能源消费中的煤炭占比 75.7%，2014 年我国能源消费中的煤炭占比降至 65.6%，年均下降 0.38%。"十三五"规划指出，要继续深入推进能源革命，着力推动能源生产利用方式变革，优化能源供给结构，提高能源利用效率，建设清洁低碳、安全高效的现代能源体系，维护国家能源安全。此外，能源价格也是影响碳基能源使用的重要因素。本章使用燃料、动力类工业生产者购进价格指数来替代能源价格。据统计，以 1992 年为基期，我国燃料、动力类工业生产者购进价格指数 100，2014 年为 507.10，年均上升 8.11%，近 10 年的年均上升率为 6.65%。"十三五"规划也指出要放开电力、石油、天然气、交通运输、电信等领域竞争性环节价格。据此，本节设置 2015 ~ 2030 年能源结构 NYJIEGOU 和能源价格

---

　　① 中国温室气体减排的长效机制尚未形成，碳税、碳排放权交易等减排政策尚未全面铺开，缺乏历史数据，所以在建立宏观计量经济模型时没有考虑这些因素。本章仅从国家减排角度出发，选择了具有历史数据的相关政策（如排污费、资源税等）进入宏观计量经济模型。碳税等减排政策对碳减排的影响机制问题将在第 6 章通过 DSGE 模型来进行模拟讨论。

　　有关温室气体减排政策工具的讨论可参见相关文献，如，张永宁，沈霁华. 中国节能减排政策的演进——基于 1978—2016 年政策文本的研究 [J]. 中国石油大学学报（社会科学版），2016 (6)：1 - 5；陈健鹏. 温室气体减排政策：国际经验及对中国的启示——基于政策工具演进的视角 [J]. 中国人口. 资源与环境，2012 (9)：26 - 30。刘兰翠，范英，吴刚，魏一鸣. 温室气体减排政策问题研究综述 [J]. 管理评论，2005 (10)：47 - 52；薛婕；裴莹莹. 中国温室气体减排政策分析 [J]. 2010 中国环境科学学会学术年会论文集（第二卷），2010 中国环境科学学会学术年会，2010。

NYJG 的年均增长率为 -0.38% 和 6.65%。

5.4　动态效应模拟分析

5.4.1　三大区域研发投入总量增加碳减排效应分析

（1）东部区域研发投入增加的二氧化碳减排效应。1998～2014 年，东部地区研发投入年均实际增长率约为 21.41%。一方面，在供给侧改革与"双创"的大背景下，转变经济发展方式，提高产业附加值，提升原始创新水平等成为企业战略性发展和国家经济健康持续发展的重要要求，因此，地方企业和政府对研究和发展的投入必定会逐年上升；另一方面，在情景设计中，为了与研发投入较低的中西部地区形成对比。因此，假定 2015～2030 年这段时间内，中国东部地区研发投入实际增长率为 20%。确定东部地区研发投入数据后，由模型（3.11）和模型（5.1）可以确定 2015～2030 年全国技术创新知识存量，以此作为分析情景 1，并在该情景下运算宏观经济计量模型，得出相应的内生变量值，所得内生变量值用"内生变量名_1"来表示。将情景 1 计算所得的内生变量值与基准方案中的内生变量值相比较，可以求出其变动率（孙建和吴利萍，2012；孙建等，2013）。情景 1 中主要内生变量模拟值的变动率如表 5－4 所示。

表 5－4		情景 1 主要内生变量模拟值变动率				单位：%
年份	CO_2_1	CO_2QD_1	DWNH_1	年份	CO_2_1	CO_2QD_1	DWNH_1
2015	0.003363	0.002647	-0.000615	2023	-0.000717	-0.001155	-0.000660
2016	-0.001417	-0.002725	-0.000627	2024	-0.000087	0.000000	-0.000615
2017	-0.002106	-0.003319	-0.000601	2025	0.000298	0.001376	-0.000643
2018	-0.002264	-0.003226	-0.000601	2026	0.002397	0.004611	-0.000587
2019	-0.001818	-0.002643	-0.000587	2027	0.009682	0.016864	-0.000612
2020	-0.001276	-0.001752	-0.000625	2028	0.021630	0.036860	-0.000637
2021	-0.001159	-0.001884	-0.000596	2029	0.049983	0.032773	-0.000662
2022	-0.001209	-0.001837	-0.000628	2030	-1.223190	-1.034047	-0.000590
				均值	-0.071743	-0.059841	-0.000618

续表

年份	GDP_1	GDPC_1	GYFS_1	年份	GDP_1	GDPC_1	GYFS_1
2015	0.000613	0.000629	− 0.000694	2023	0.000865	0.001594	− 0.000702
2016	0.001314	0.001240	0.000550	2024	0.000615	0.001669	− 0.001121
2017	0.001396	0.001546	0.000463	2025	0.000473	0.001738	− 0.001443
2018	0.001338	0.001593	0.000220	2026	− 0.000133	0.001870	− 0.002452
2019	0.001262	0.001531	0.000000	2027	− 0.002100	0.002580	− 0.005668
2020	0.001112	0.001481	− 0.000267	2028	− 0.005198	0.004218	− 0.010974
2021	0.001034	0.001511	− 0.000399	2029	− 0.012226	0.007795	− 0.022816
2022	0.001021	0.001547	− 0.000451	2030	− 0.017468	0.008148	0.087099
				均值	− 0.001630	0.002543	0.002584
年份	GYGL_1	GYSO$_2$_1	GYSO$_2$QD_1	年份	GYGL_1	GYSO$_2$_1	GYSO$_2$QD_1
2015	0.002172	0.000287	0.001057	2023	0.001067	0.000065	0.002038
2016	0.002348	0.001484	0.002515	2024	0.001020	− 0.000343	0.001977
2017	0.001717	0.001483	0.002644	2025	0.000936	− 0.000809	0.001933
2018	0.001407	0.001150	0.002546	2026	0.000750	− 0.001672	0.001739
2019	0.001287	0.000853	0.002326	2027	0.000547	− 0.004048	0.001333
2020	0.001191	0.000654	0.002154	2028	0.000350	− 0.008700	0.001262
2021	0.001158	0.000428	0.002082	2029	0.000202	− 0.018719	0.001066
2022	0.001079	0.000262	0.002093	2030	− 0.000906	0.189183	0.001052
				均值	0.001020	0.010097	0.001864

资料来源：作者测算。

　　表 5 – 4 表明，东部地区研发投入增加，对九大主要内生变量的影响关系和影响程度不同①。其中，对二氧化碳的影响最大，平均约为 0.071743 个百分点且方向为负，说明未来一段时期内，东部地区研发投入的上升对全国二氧化碳排放量有负向影响；排在第二位的是二氧化碳强度，平均约为 0.059841 个百分点且方向为负，可见，东部地区研发投入的上升对全国二氧化碳排放强度也有负向影响；排在第三位的是工业二氧化硫排放量，平均约为 0.010097 个百分点且方向为正，说明未来一段时期内，东部地区研发投入

――――――――――

　　①　由于模拟值变动率较低，因此保留了 6 位小数；保留 6 为小数仍为 0 的说明变动率非常小，但并非没有变动。下同。

的上升并没有抑制全国工业二氧化硫排放量的上升。

（2）中部区域研发投入增加的二氧化碳减排效应。1998～2014 年，中部地区研发投入年均实际增长率约为 20.23%。为了与东部地区形成对比，假定 2015～2030 年这段时间内，中部地区研发投入实际增长率也为 20%。确定中部地区研发投入数据后，由模型（3.11）和模型（5.1）可以确定 2015～2030 年全国技术创新知识存量，以此作为分析情景 2，并在该情景下运算宏观经济计量模型，得出相应的内生变量值，所得内生变量值用"内生变量名_2"来表示。将情景 2 计算所得的内生变量值与基准方案中的内生变量值相比较，可以求出其变动率。情景 2 中主要内生变量模拟值的变动率如表 5－5 所示。

表 5－5　　　　　　　　　情景 2 主要内生变量模拟值变动率　　　　　　　单位:%

年份	CO_2_2	CO_2QD_2	DWNH_2	年份	CO_2_2	CO_2QD_2	DWNH_2
2015	0.000683	0.000529	− 0.000115	2023	− 0.000159	− 0.000385	− 0.000147
2016	− 0.000199	− 0.000389	− 0.000179	2024	0.000000	0.000000	− 0.000154
2017	− 0.000594	− 0.000805	− 0.000150	2025	0.000119	0.000459	− 0.000161
2018	− 0.000385	− 0.000576	− 0.000109	2026	0.000520	0.000768	− 0.000084
2019	− 0.000395	− 0.000529	− 0.000117	2027	0.002006	0.003614	− 0.000175
2020	− 0.000264	− 0.000292	− 0.000125	2028	0.004524	0.007723	− 0.000091
2021	− 0.000205	− 0.000314	− 0.000066	2029	0.010157	0.007011	− 0.000095
2022	− 0.000230	− 0.000612	− 0.000140	2030	− 0.724471	− 0.669713	− 0.000098
				均值	− 0.044306	− 0.040844	− 0.000125

年份	GDP_2	GDPC_2	GYFS_2	年份	GDP_2	GDPC_2	GYFS_2
2015	0.000117	0.000134	− 0.000139	2023	0.000176	0.000281	− 0.000144
2016	0.000292	0.000280	0.000088	2024	0.000088	0.000330	− 0.000240
2017	0.000298	0.000325	0.000154	2025	0.000079	0.000338	− 0.000309
2018	0.000285	0.000299	0.000000	2026	0.000000	0.000359	− 0.000485
2019	0.000245	0.000340	0.000011	2027	− 0.000425	0.000499	− 0.001140
2020	0.000235	0.000329	− 0.000056	2028	− 0.001091	0.000832	− 0.002305
2021	0.000214	0.000356	− 0.000086	2029	− 0.002501	0.001522	− 0.004581
2022	0.000204	0.000273	− 0.000097	2030	− 0.021142	0.001591	0.055608
				均值	− 0.001433	0.000505	0.002892

续表

年份	GYGL_2	GYSO$_2$_2	GYSO$_2$QD_2	年份	GYGL_2	GYSO$_2$_2	GYSO$_2$QD_2
2015	0.000442	0.000096	0.000205	2023	0.000213	0.000022	0.000425
2016	0.000536	0.000314	0.000552	2024	0.000191	− 0.000076	0.000414
2017	0.000340	0.000329	0.000561	2025	0.000176	− 0.000186	0.000331
2018	0.000286	0.000216	0.000516	2026	0.000107	− 0.000355	0.000300
2019	0.000264	0.000173	0.000477	2027	0.000091	− 0.000821	0.000213
2020	0.000275	0.000137	0.000460	2028	0.000039	− 0.001759	0.000219
2021	0.000248	0.000079	0.000416	2029	0.000034	− 0.003782	0.000160
2022	0.000231	0.000037	0.000388	2030	− 0.004032	0.091518	0.000152
				均值	− 0.000035	0.005371	0.000362

资料来源：作者测算。

表 5 – 5 表明，中部地区研发投入增加，对九大主要内生变量的影响关系和影响程度不同。其中，对二氧化碳的影响最大，平均约为 0.044306 个百分点且方向为负，说明未来一段时期内，中部地区研发投入的上升对全国二氧化碳排放量有负向影响；排在第二位的是二氧化碳强度，平均约为 0.040844个百分点且方向为负，可见，中部地区研发投入的上升对全国二氧化碳排放强度也有负向影响；排在第三位的是工业二氧化硫排放量，平均约为0.005371 个百分点且方向为正，说明未来一段时期内，中部地区研发投入的上升没有抑制全国工业二氧化硫排放量的上升。

（3）西部区域研发投入增加的二氧化碳减排效应。1998 ~ 2014 年，西部地区研发投入年均实际增长率约为 17. 47%。为了与东中部地区形成对比，假定 2015 ~ 2030 年这段时间内，西部地区研发投入实际增长率也为 20%。确定西部地区研发投入数据后，由模型（3. 11）和模型（5. 1）可以确定 2015 ~2030 年全国技术创新知识存量，以此作为分析情景 3，并在该情景下运算宏观经济计量模型，得出相应的内生变量值，所得内生变量值用"内生变量名_3"来表示。将情景 3 计算所得的内生变量值与基准方案中的内生变量值相比较，可以求出其变动率。情景 3 中主要内生变量模拟值的变动率如表 5 – 6所示。

表 5-6　　　　　　　　　　情景3主要内生变量模拟值变动率　　　　　单位:%

年份	CO_2_3	CO_2QD_3	$DWNH\_3$	年份	CO_2_3	CO_2QD_3	$DWNH\_3$
2015	0.000683	0.000529	-0.000115	2023	-0.000080	-0.000385	-0.000073
2016	-0.000348	-0.000584	-0.000134	2024	0.000087	0.000000	-0.000077
2017	-0.000378	-0.000603	-0.000100	2025	0.000089	0.000459	-0.000080
2018	-0.000256	-0.000346	-0.000109	2026	0.000352	0.000384	-0.000084
2019	-0.000290	-0.000529	-0.000059	2027	0.001498	0.002409	-0.000087
2020	-0.000158	0.000000	-0.000063	2028	0.003172	0.005266	-0.000091
2021	-0.000136	-0.000314	-0.000066	2029	0.006682	0.004385	-0.000095
2022	-0.000184	-0.000612	-0.000070	2030	-1.010434	-0.970146	0.000000
				均值	-0.062481	-0.060005	-0.000081

年份	GDP_3	$GDPC\_3$	$GYFS\_3$	年份	GDP_3	$GDPC\_3$	$GYFS\_3$
2015	0.000117	0.000134	-0.000139	2023	0.000113	0.000188	-0.000090
2016	0.000255	0.000231	0.000125	2024	0.000088	0.000213	-0.000187
2017	0.000206	0.000235	0.000077	2025	0.000000	0.000210	-0.000206
2018	0.000196	0.000199	0.000000	2026	0.000000	0.000235	-0.000328
2019	0.000170	0.000255	0.000011	2027	-0.000330	0.000333	-0.000829
2020	0.000157	0.000165	-0.000045	2028	-0.000770	0.000545	-0.001591
2021	0.000139	0.000267	-0.000076	2029	-0.001667	0.000974	-0.003025
2022	0.000136	0.000182	-0.000064	2030	-0.016706	0.001016	0.094857
				均值	-0.001119	0.000336	0.005531

年份	$GYGL\_3$	$GYSO_2\_3$	$GYSO_2QD\_3$	年份	$GYGL\_3$	$GYSO_2\_3$	$GYSO_2QD\_3$
2015	0.000442	0.000096	0.000205	2023	0.000142	0.000000	0.000297
2016	0.000434	0.000293	0.000429	2024	0.000128	-0.000076	0.000276
2017	0.000222	0.000225	0.000401	2025	0.000117	-0.000135	0.000221
2018	0.000195	0.000132	0.000354	2026	0.000054	-0.000252	0.000180
2019	0.000182	0.000107	0.000328	2027	0.000046	-0.000587	0.000107
2020	0.000183	0.000091	0.000316	2028	0.000039	-0.001271	0.000110
2021	0.000165	0.000048	0.000288	2029	0.000000	-0.002564	0.000053
2022	0.000154	0.000019	0.000271	2030	-0.003447	0.133862	0.000040
				均值	-0.000059	0.008124	0.000242

资料来源:作者测算。

表5-6表明，西部地区研发投入增加，对九大主要内生变量的影响关系和影响程度不同。其中，对二氧化碳的影响最大，平均约为0.062481个百分点且方向为负，说明未来一段时期内，西部地区研发投入的上升对全国二氧化碳排放量有负向影响；排在第二位的是二氧化碳强度，平均约为0.060005个百分点且方向为负，可见，西部地区研发投入的上升对全国二氧化碳排放强度也有负向影响；排在第三位的是工业二氧化硫排放量，平均约为0.008124个百分点且方向为正，说明未来一段时期内，西部地区研发投入的上升没有抑制全国工业二氧化硫排放量的上升。

5.4.2 八大区域研发投入总量增加碳减排效应分析

（1）东北区域研发投入增加的二氧化碳减排效应。1998～2014年，东北地区研发投入年均实际增长率约为16.72%。为了进行对比分析，同样假定2015～2030年这段时间内，东北地区研发投入实际增长率也为20%。以此作为分析情景4，并在该情景下运算宏观经济计量模型，得出相应的内生变量值，所得内生变量值用"内生变量名_4"来表示。变量变动率如表5-7所示。

表5-7 情景4主要内生变量模拟值变动率 单位:%

年份	CO_2_4	CO_2QD_4	DWNH_4	年份	CO_2_4	CO_2QD_4	DWNH_4
2015	0.000000	0.000000	0.000000	2023	0.000000	0.000000	0.000000
2016	0.000149	0.000195	-0.000045	2024	0.000000	0.000000	0.000000
2017	-0.000216	-0.000302	-0.000050	2025	0.000089	0.000000	0.000000
2018	-0.000043	0.000000	0.000000	2026	0.000101	0.000000	0.000000
2019	-0.000040	0.000000	0.000000	2027	0.000161	0.000000	0.000000
2020	-0.000042	0.000000	0.000000	2028	0.000728	0.001053	0.000000
2021	0.000000	0.000000	0.000000	2029	0.001470	0.001209	0.000000
2022	0.000015	0.000000	0.000000	2030	0.003857	0.006996	0.000000
				均值	0.000389	0.000572	-0.000006

续表

年份	GDP_4	GDPC_4	GYFS_4	年份	GDP_4	GDPC_4	GYFS_4
2015	0.000000	0.000000	0.000000	2023	0.000013	0.000000	− 0.000018
2016	0.000073	0.000049	− 0.000038	2024	0.000000	0.000032	− 0.000027
2017	0.000069	0.000056	0.000077	2025	0.000000	0.000035	− 0.000059
2018	0.000054	0.000000	0.000000	2026	0.000000	0.000037	− 0.000057
2019	0.000019	0.000085	− 0.000011	2027	− 0.000024	0.000050	− 0.000104
2020	0.000031	0.000000	0.000000	2028	− 0.000193	0.000086	− 0.000329
2021	0.000025	0.000089	− 0.000011	2029	− 0.000375	0.000183	− 0.000648
2022	0.000014	0.000000	− 0.000032	2030	0.000208	0.000190	− 0.000922
				均值	− 0.000005	0.000056	− 0.000136
年份	GYGL_4	GYSO$_2$_4	GYSO$_2$QD_4	年份	GYGL_4	GYSO$_2$_4	GYSO$_2$QD_4
2015	0.000000	0.000000	0.000000	2023	0.000000	0.000000	0.000042
2016	0.000128	0.000021	0.000061	2024	0.000064	0.000000	0.000046
2017	0.000059	0.000075	0.000120	2025	0.000000	− 0.000034	0.000000
2018	0.000034	0.000036	0.000064	2026	0.000000	− 0.000059	0.000060
2019	0.000030	0.000013	0.000060	2027	0.000000	− 0.000059	0.000000
2020	0.000092	0.000015	0.000057	2028	0.000000	− 0.000195	0.000000
2021	0.000000	0.000000	0.000032	2029	0.000000	− 0.000513	0.000000
2022	0.000000	− 0.000019	0.000039	2030	0.000146	0.000000	− 0.000001
				均值	0.000035	− 0.000045	0.000036

资料来源：作者测算。

　　表 5 - 7 表明，东北地区研发投入增加，对九大主要内生变量的影响关系和影响程度不同。其中，对二氧化碳强度的影响最大，平均约为 0.000572 个百分点且方向为正，说明未来一段时期内，东北地区研发投入的上升并没有引发全国二氧化碳强度的下降；排在第二位的是二氧化碳，平均约为 0.000389 个百分点且方向为正，可见，在未来东北地区研发投入上升的情况下，东北地区对全国二氧化碳排放的"贡献"仍在一段时期内呈正向影响；排在第三位的是实际国内生产总值，平均约为 0.000056 个百分点且方向为

正，说明未来一段时期内，东北地区研发投入的上升推动了全国经济增长。

（2）北部沿海区域研发投入增加的二氧化碳减排效应。1998～2014年，北部沿海地区研发投入年均实际增长率约为19.49%。为了进行对比分析，同样假定2015～2030年这段时间内，北部沿海地区研发投入实际增长率也为20%。以此作为分析情景5，并在该情景下运算宏观经济计量模型，得出相应的内生变量值，所得内生变量值用"内生变量名_5"来表示。由情景5所得内生变量模拟值的变动率如表5－8所示。

表5－8　　　　　　　　情景5主要内生变量模拟值变动率　　　　单位：%

年份	CO_2_5	CO_2QD_5	DWNH_5	年份	CO_2_5	CO_2QD_5	DWNH_5
2015	0.000683	0.000529	− 0.000115	2023	− 0.000080	− 0.000385	− 0.000147
2016	− 0.000348	− 0.000584	− 0.000134	2024	0.000087	0.000000	− 0.000077
2017	− 0.000378	− 0.000603	− 0.000100	2025	0.000089	0.000459	− 0.000161
2018	− 0.000342	− 0.000461	− 0.000109	2026	0.000436	0.000768	− 0.000084
2019	− 0.000382	− 0.000529	− 0.000117	2027	0.001752	0.003011	− 0.000087
2020	− 0.000179	0.000000	− 0.000125	2028	0.003692	0.006319	− 0.000091
2021	− 0.000205	− 0.000314	− 0.000066	2029	0.008152	0.005448	− 0.000095
2022	− 0.000199	− 0.000612	− 0.000070	2030	− 0.992288	− 0.946038	− 0.000098
				均值	− 0.061219	− 0.058312	− 0.000105
年份	GDP_5	GDPC_5	GYFS_5	年份	GDP_5	GDPC_5	GYFS_5
2015	0.000117	0.000134	− 0.000139	2023	0.000125	0.000188	− 0.000126
2016	0.000255	0.000231	0.000125	2024	0.000088	0.000255	− 0.000214
2017	0.000229	0.000258	0.000077	2025	0.000079	0.000257	− 0.000236
2018	0.000232	0.000299	0.000000	2026	0.000000	0.000272	− 0.000399
2019	0.000207	0.000255	0.000022	2027	− 0.000401	0.000399	− 0.000968
2020	0.000188	0.000247	− 0.000056	2028	− 0.000898	0.000660	− 0.001866
2021	0.000164	0.000267	− 0.000076	2029	− 0.002018	0.001218	− 0.003673
2022	0.000163	0.000273	− 0.000080	2030	− 0.018023	0.001271	0.090479
				均值	− 0.001218	0.000405	0.005179

续表

年份	GYGL_5	GYSO$_2$_5	GYSO$_2$QD_5	年份	GYGL_5	GYSO$_2$_5	GYSO$_2$QD_5
2015	0.000442	0.000096	0.000205	2023	0.000142	0.000000	0.000340
2016	0.000434	0.000293	0.000429	2024	0.000191	− 0.000076	0.000322
2017	0.000281	0.000240	0.000441	2025	0.000117	− 0.000152	0.000276
2018	0.000252	0.000180	0.000451	2026	0.000107	− 0.000296	0.000240
2019	0.000223	0.000147	0.000388	2027	0.000091	− 0.000704	0.000160
2020	0.000183	0.000106	0.000373	2028	0.000039	− 0.001466	0.000165
2021	0.000165	0.000048	0.000320	2029	0.000034	− 0.003077	0.000107
2022	0.000154	0.000019	0.000310	2030	− 0.003623	0.131131	0.000099
				均值	− 0.000048	0.007905	0.000289

资料来源：作者测算。

表 5 - 8 表明，北部沿海地区研发投入增加，对九大主要内生变量的影响关系和影响程度不同。其中，对二氧化碳的影响最大，平均约为 0.061219 个百分点且方向为负，说明未来一段时期内，北部沿海地区研发投入的上升对全国二氧化碳排放有明显的负向影响；排在第二位的是二氧化碳强度，平均约为 0.058312 个百分点且方向为负，可见，未来北部沿海地区研发投入的上升有利于全国二氧化碳强度下降；排在第三位的是工业二氧化硫，平均约为 0.007905 个百分点且方向为正，说明未来一段时期内，北部沿海地区研发投入的上升并未降低全国工业二氧化硫的排放。

（3）东部沿海区域研发投入增加的二氧化碳减排效应。1998 ~ 2014 年，东部沿海地区研发投入年均实际增长率约为 23.22%。为了进行对比分析，同样假定 2015 ~ 2030 年这段时间内，东部沿海地区研发投入实际增长率也为 20%。以此作为分析情景 6，并在该情景下运算宏观经济计量模型，得出相应的内生变量值，所得内生变量值用"内生变量名_6"来表示。由情景 6 所得内生变量模拟值的变动率如表 5 - 9 所示。

表 5 – 9 　　　　　　情景 6 主要内生变量模拟值变动率　　　　　单位:%

年份	CO_2_6	CO_2QD_6	DWNH_6	年份	CO_2_6	CO_2QD_6	DWNH_6
2015	0.002023	0.001588	– 0.000385	2023	– 0.000558	– 0.000770	– 0.000440
2016	– 0.000870	– 0.001557	– 0.000403	2024	– 0.000174	0.000000	– 0.000384
2017	– 0.001188	– 0.001911	– 0.000401	2025	0.000060	0.000459	– 0.000482
2018	– 0.001410	– 0.001958	– 0.000382	2026	0.001425	0.002690	– 0.000419
2019	– 0.001172	– 0.001850	– 0.000352	2027	0.006040	0.010239	– 0.000437
2020	– 0.000801	– 0.001168	– 0.000375	2028	0.013675	0.023520	– 0.000455
2021	– 0.000818	– 0.001256	– 0.000331	2029	0.032075	0.021114	– 0.000473
2022	– 0.000826	– 0.001224	– 0.000419	2030	– 0.955105	– 0.828040	– 0.000393
				均值	– 0.056727	– 0.048758	– 0.000408
年份	GDP_6	GDPC_6	GYFS_6	年份	GDP_6	GDPC_6	GYFS_6
2015	0.000350	0.000382	– 0.000417	2023	0.000589	0.001032	– 0.000432
2016	0.000766	0.000742	0.000338	2024	0.000439	0.001127	– 0.000708
2017	0.000847	0.000930	0.000231	2025	0.000316	0.001178	– 0.000898
2018	0.000838	0.000995	0.000147	2026	0.000000	0.001288	– 0.001554
2019	0.000791	0.001020	0.000022	2027	– 0.001274	0.001747	– 0.003629
2020	0.000721	0.000987	– 0.000156	2028	– 0.003273	0.002783	– 0.007024
2021	0.000694	0.000978	– 0.000227	2029	– 0.007816	0.005116	– 0.014736
2022	0.000681	0.001001	– 0.000274	2030	– 0.016221	0.005351	0.070278
				均值	– 0.001347	0.001666	0.002560
年份	GYGL_6	$GYSO_2\_6$	$GYSO_2QD\_6$	年份	GYGL_6	$GYSO_2\_6$	$GYSO_2QD\_6$
2015	0.001287	0.000192	0.000648	2023	0.000711	0.000087	0.001401
2016	0.001378	0.000899	0.001472	2024	0.000701	– 0.000172	0.001379
2017	0.001051	0.000884	0.001602	2025	0.000644	– 0.000455	0.001326
2018	0.000881	0.000719	0.001579	2026	0.000536	– 0.001021	0.001199
2019	0.000811	0.000547	0.001461	2027	0.000410	– 0.002523	0.000960
2020	0.000824	0.000441	0.001408	2028	0.000272	– 0.005572	0.000933
2021	0.000745	0.000301	0.001378	2029	0.000169	– 0.011988	0.000799
2022	0.000771	0.000206	0.001356	2030	– 0.001607	0.141375	0.000806
				均值	0.000599	0.007745	0.001232

资料来源:作者测算。

表 5 – 9 表明，东部沿海地区研发投入增加，对九大主要内生变量的影响关系和影响程度不同。其中，对二氧化碳的影响最大，平均约为 0.056727 个百分点且方向为负，说明未来一段时期内，东部沿海地区研发投入的上升对全国二氧化碳排放有明显的负向影响；排在第二位的是二氧化碳强度，平均约为 0.048758 个百分点且方向为负，可见，未来东部沿海地区研发投入的上升有利于全国二氧化碳强度下降；排在第三位的是工业二氧化硫，平均约为 0.007745 个百分点且方向为正，说明未来一段时期内，东部沿海地区研发投入的上升并未降低全国工业二氧化硫的排放。

（4）南部沿海区域研发投入增加的二氧化碳减排效应。1998 ~ 2014 年，南部沿海地区研发投入年均实际增长率约为 24.86%。为了进行对比分析，同样假定 2015 ~ 2030 年这段时间内，南部沿海地区研发投入实际增长率也为 20%。以此作为分析情景 7，并在该情景下运算宏观经济计量模型，得出相应的内生变量值，所得内生变量值用"内生变量名_7"来表示。由情景 7 所得内生变量模拟值的变动率如表 5 – 10 所示。

表 5 – 10　　　　　　　　　情景 7 主要内生变量模拟值变动率　　　　　　　单位:%

年份	CO_2_7	CO_2QD_7	DWNH_7	年份	CO_2_7	CO_2QD_7	DWNH_7
2015	0.000683	0.000529	− 0.000115	2023	− 0.000080	− 0.000385	− 0.000147
2016	− 0.000199	− 0.000389	− 0.000179	2024	0.000000	0.000000	− 0.000077
2017	− 0.000594	− 0.000805	− 0.000150	2025	0.000149	0.000459	− 0.000161
2018	− 0.000385	− 0.000576	− 0.000109	2026	0.000503	0.000768	− 0.000084
2019	− 0.000342	− 0.000529	− 0.000117	2027	0.001798	0.003011	− 0.000087
2020	− 0.000221	− 0.000292	− 0.000125	2028	0.004160	0.007021	− 0.000091
2021	− 0.000205	− 0.000314	− 0.000066	2029	0.009288	0.006309	− 0.000095
2022	− 0.000184	− 0.000612	− 0.000070	2030	− 0.981410	− 0.932670	− 0.000098
				均值	− 0.060440	− 0.057405	− 0.000111
年份	GDP_7	GDPC_7	GYFS_7	年份	GDP_7	GDPC_7	GYFS_7
2015	0.000117	0.000134	− 0.000139	2023	0.000138	0.000281	− 0.000126
2016	0.000292	0.000280	0.000088	2024	0.000088	0.000276	− 0.000214
2017	0.000298	0.000325	0.000154	2025	0.000000	0.000280	− 0.000280
2018	0.000268	0.000299	0.000000	2026	− 0.000067	0.000310	− 0.000456

续表

年份	GDP_7	GDPC_7	GYFS_7	年份	GDP_7	GDPC_7	GYFS_7
2019	0.000226	0.000340	− 0.000011	2027	− 0.000401	0.000433	− 0.001002
2020	0.000204	0.000247	− 0.000056	2028	− 0.001027	0.000717	− 0.002085
2021	0.000189	0.000267	− 0.000086	2029	− 0.002307	0.001340	− 0.004192
2022	0.000177	0.000273	− 0.000097	2030	− 0.018716	0.001399	0.088175
				均值	− 0.001283	0.000450	0.004980
年份	GYGL_7	GYSO$_2$_7	GYSO$_2$QD_7	年份	GYGL_7	GYSO$_2$_7	GYSO$_2$QD_7
2015	0.000442	0.000096	0.000205	2023	0.000142	0.000000	0.000382
2016	0.000536	0.000314	0.000552	2024	0.000191	− 0.000076	0.000322
2017	0.000340	0.000329	0.000561	2025	0.000176	− 0.000169	0.000276
2018	0.000263	0.000216	0.000483	2026	0.000107	− 0.000340	0.000240
2019	0.000233	0.000147	0.000418	2027	0.000091	− 0.000763	0.000160
2020	0.000275	0.000106	0.000402	2028	0.000039	− 0.001662	0.000165
2021	0.000248	0.000063	0.000352	2029	0.000034	− 0.003462	0.000107
2022	0.000154	0.000019	0.000349	2030	− 0.003710	0.129082	0.000094
				均值	− 0.000027	0.007744	0.000317

资料来源：作者测算。

表 5 - 10 表明，南部沿海地区研发投入增加，对九大主要内生变量的影响关系和影响程度不同。其中，对二氧化碳的影响最大，平均约为 0.060440 个百分点且方向为负，说明未来一段时期内，南部沿海地区研发投入的上升对全国二氧化碳排放有明显的负向影响；排在第二位的是二氧化碳强度，平均约为 0.057405 个百分点且方向为负，可见，未来南部沿海地区研发投入的上升有利于全国二氧化碳强度下降；排在第三位的是工业二氧化硫，平均约为 0.007744 个百分点且方向为正，说明未来一段时期内，南部沿海地区研发投入的上升并未降低全国工业二氧化硫的排放。

（5）黄河中游区域研发投入增加的二氧化碳减排效应。1998 ~ 2014 年，黄河中游地区研发投入年均实际增长率约为 18.83% 。为了进行对比分析，同样假定 2015 ~ 2030 年这段时间内，黄河中游地区研发投入实际增长率也为 20% 。以此作为分析情景 8，并在该情景下运算宏观经济计量模型，得出相应的内生变量值，所得内生变量值用"内生变量名_8"来表示。由情景 8 所得内生变量模拟值的变动率如表 5 - 11 所示。

表 5－11　　　　　　　情景 8 主要内生变量模拟值变动率　　　　　　单位：%

年份	CO_2_8	CO_2QD_8	DWNH_8	年份	CO_2_8	CO_2QD_8	DWNH_8
2015	0.000000	0.000000	0.000000	2023	0.000000	0.000000	－ 0.000073
2016	0.000149	0.000195	－ 0.000045	2024	0.000000	0.000000	－ 0.000077
2017	－ 0.000162	－ 0.000302	－ 0.000050	2025	0.000089	0.000000	－ 0.000080
2018	－ 0.000128	－ 0.000115	－ 0.000055	2026	0.000184	0.000384	0.000000
2019	－ 0.000105	－ 0.000264	－ 0.000059	2027	0.000507	0.000602	－ 0.000087
2020	－ 0.000105	0.000000	－ 0.000063	2028	0.001456	0.002457	0.000000
2021	－ 0.000068	－ 0.000314	0.000000	2029	0.003274	0.002628	0.000000
2022	－ 0.000031	0.000000	0.000000	2030	－ 0.992243	－ 0.967963	0.000000
				均值	－ 0.061699	－ 0.060168	－ 0.000037

年份	GDP_8	GDPC_8	GYFS_8	年份	GDP_8	GDPC_8	GYFS_8
2015	0.000000	0.000000	0.000000	2023	0.000050	0.000094	－ 0.000036
2016	0.000073	0.000049	－ 0.000038	2024	0.000000	0.000096	－ 0.000067
2017	0.000092	0.000078	0.000077	2025	0.000000	0.000093	－ 0.000103
2018	0.000089	0.000100	0.000000	2026	0.000000	0.000111	－ 0.000157
2019	0.000075	0.000170	0.000000	2027	－ 0.000118	0.000150	－ 0.000311
2020	0.000078	0.000082	－ 0.000011	2028	－ 0.000321	0.000230	－ 0.000713
2021	0.000076	0.000089	－ 0.000022	2029	－ 0.000821	0.000487	－ 0.001469
2022	0.000054	0.000091	－ 0.000032	2030	－ 0.015111	0.000511	0.097315
				均值	－ 0.000987	0.000152	0.005902

年份	GYGL_8	$GYSO_2\_8$	$GYSO_2QD\_8$	年份	GYGL_8	$GYSO_2\_8$	$GYSO_2QD\_8$
2015	0.000000	0.000000	0.000000	2023	0.000071	0.000000	0.000127
2016	0.000128	0.000021	0.000061	2024	0.000064	－ 0.000019	0.000138
2017	0.000104	0.000090	0.000160	2025	0.000059	－ 0.000051	0.000055
2018	0.000092	0.000084	0.000161	2026	0.000118	0.000000	0.000120
2019	0.000081	0.000053	0.000149	2027	0.000046	－ 0.000235	0.000053
2020	0.000092	0.000061	0.000144	2028	0.000000	－ 0.000586	0.000055
2021	0.000083	0.000032	0.000128	2029	0.000000	－ 0.001218	0.000053
2022	0.000077	0.000000	0.000116	2030	－ 0.003301	0.129765	0.000059
				均值	－ 0.000150	0.007992	0.000099

资料来源：作者测算。

表 5 – 11 表明，黄河中游地区研发投入增加，对九大主要内生变量的影响关系和影响程度不同。其中，对二氧化碳的影响最大，平均约为 0.061699个百分点且方向为负，说明未来一段时期内，黄河中游地区研发投入的上升对全国二氧化碳排放有明显的负向影响；排在第二位的是二氧化碳强度，平均约为 0.060168 个百分点且方向为负，可见，未来黄河中游地区研发投入的上升有利于全国二氧化碳强度下降；排在第三位的是工业二氧化硫，平均约为 0.007992 个百分点且方向为正，说明未来一段时期内，黄河中游地区研发投入的上升并未降低全国工业二氧化硫的排放。

（6）长江上游区域研发投入增加的二氧化碳减排效应。1998～2014 年，长江上游地区研发投入年均实际增长率约为 21.41%。为了进行对比分析，同样假定 2015～2030 年这段时间内，长江上游地区研发投入实际增长率也为20%。以此作为分析情景 9，并在该情景下运算宏观经济计量模型，得出相应的内生变量值，所得内生变量值用"内生变量名_9"来表示。由情景 9 所得内生变量模拟值的变动率如表 5 – 12 所示。

表 5 – 12 　　　　　　　　　情景 9 主要内生变量模拟值变动率 　　　　　　　单位:%

年份	CO_2_9	CO_2 QD_9	DWNH_9	年份	CO_2_9	CO_2 QD_9	DWNH_9
2015	0.000683	0.000529	– 0.000115	2023	– 0.000159	– 0.000385	– 0.000073
2016	– 0.000348	– 0.000584	– 0.000134	2024	0.000087	0.000000	– 0.000077
2017	– 0.000378	– 0.000603	– 0.000100	2025	0.000060	0.000459	– 0.000080
2018	– 0.000256	– 0.000346	– 0.000109	2026	0.000319	0.000384	– 0.000084
2019	– 0.000290	– 0.000529	– 0.000117	2027	0.001521	0.002409	– 0.000087
2020	– 0.000190	– 0.000292	– 0.000125	2028	0.003432	0.005968	– 0.000091
2021	– 0.000136	– 0.000314	– 0.000066	2029	0.007217	0.005087	– 0.000095
2022	– 0.000199	– 0.000612	– 0.000070	2030	– 1.006488	– 0.964086	– 0.000098
				均值	– 0.062195	– 0.059557	– 0.000095
年份	GDP_9	GDPC_9	GYFS_9	年份	GDP_9	GDPC_9	GYFS_9
2015	0.000117	0.000134	– 0.000139	2023	0.000138	0.000188	– 0.000090
2016	0.000255	0.000231	0.000125	2024	0.000088	0.000255	– 0.000187
2017	0.000206	0.000235	0.000077	2025	0.000079	0.000257	– 0.000221
2018	0.000196	0.000199	0.000000	2026	0.000000	0.000285	– 0.000342

续表

年份	GDP_9	GDPC_9	GYFS_9	年份	GDP_9	GDPC_9	GYFS_9
2019	0.000188	0.000255	0.000011	2027	− 0.000330	0.000383	− 0.000864
2020	0.000172	0.000247	− 0.000033	2028	− 0.000834	0.000631	− 0.001756
2021	0.000151	0.000267	− 0.000076	2029	− 0.001788	0.001096	− 0.003327
2022	0.000163	0.000273	− 0.000064	2030	− 0.017122	0.001145	0.093551
				均值	− 0.001145	0.000380	0.005417
年份	GYGL_9	GYSO$_2$_9	GYSO$_2$QD_9	年份	GYGL_9	GYSO$_2$_9	GYSO$_2$QD_9
2015	0.000442	0.000096	0.000205	2023	0.000142	0.000022	0.000340
2016	0.000434	0.000293	0.000429	2024	0.000191	− 0.000057	0.000322
2017	0.000222	0.000225	0.000401	2025	0.000117	− 0.000135	0.000276
2018	0.000195	0.000132	0.000354	2026	0.000107	− 0.000252	0.000240
2019	0.000193	0.000120	0.000328	2027	0.000091	− 0.000587	0.000160
2020	0.000183	0.000106	0.000345	2028	0.000039	− 0.001368	0.000165
2021	0.000165	0.000063	0.000320	2029	0.000034	− 0.002821	0.000160
2022	0.000154	0.000037	0.000310	2030	− 0.003476	0.133179	0.000154
				均值	− 0.000048	0.008066	0.000282

资料来源：作者测算。

　　表 5 - 12 表明，长江上游地区研发投入增加，对九大主要内生变量的影响关系和影响程度不同。其中，对二氧化碳的影响最大，平均约为 0.062195 个百分点且方向为负，说明未来一段时期内，长江上游地区研发投入的上升对全国二氧化碳排放有明显的负向影响；排在第二位的是二氧化碳强度，平均约为 0.059557 个百分点且方向为负，可见，未来长江上游地区研发投入的上升有利于全国二氧化碳强度下降；排在第三位的是工业二氧化硫，平均约为 0.008066 个百分点且方向为正，说明未来一段时期内，长江上游地区研发投入的上升并未降低全国工业二氧化硫的排放。

　　（7）西南区域研发投入增加的二氧化碳减排效应。1998 ~ 2014 年，西南地区研发投入年均实际增长率约为 18.47%。为了进行对比分析，同样假定 2015 ~ 2030 年这段时间内，西南地区研发投入实际增长率也为 20%。以此作为分析情景 10，并在该情景下运算宏观经济计量模型，得出相应的内生变量值，所得内生变量值用"内生变量名_10"来表示。由情景 10 所得内生变量模拟值的变动率如表 5 - 13 所示。

表 5 – 13　　　　　　　　　情景 10 主要内生变量模拟值变动率　　　　单位:%

年份	CO_2_10	CO_2QD_10	DWNH_10	年份	CO_2_10	CO_2QD_10	DWNH_10
2015	0.000000	0.000000	0.000000	2023	– 0.000080	0.000000	– 0.000073
2016	0.000323	0.000389	– 0.000090	2024	– 0.000087	0.000000	– 0.000077
2017	– 0.000324	– 0.000503	– 0.000100	2025	0.000149	0.000459	– 0.000080
2018	– 0.000299	– 0.000346	– 0.000055	2026	0.000352	0.000384	0.000000
2019	– 0.000158	– 0.000264	– 0.000059	2027	0.000830	0.001205	– 0.000087
2020	– 0.000169	0.000000	– 0.000063	2028	0.002444	0.004213	0.000000
2021	– 0.000136	– 0.000314	0.000000	2029	0.005880	0.004552	0.000000
2022	– 0.000031	0.000000	– 0.000070	2030	– 1.008539	– 0.977187	0.000000
				均值	– 0.062490	– 0.060463	– 0.000047
年份	GDP_10	GDPC_10	GYFS_10	年份	GDP_10	GDPC_10	GYFS_10
2015	0.000000	0.000000	0.000000	2023	0.000075	0.000188	– 0.000072
2016	0.000109	0.000097	– 0.000063	2024	0.000088	0.000159	– 0.000093
2017	0.000183	0.000168	0.000077	2025	0.000000	0.000163	– 0.000177
2018	0.000161	0.000199	0.000073	2026	0.000000	0.000186	– 0.000285
2019	0.000113	0.000170	– 0.000011	2027	– 0.000189	0.000233	– 0.000484
2020	0.000125	0.000165	– 0.000022	2028	– 0.000578	0.000402	– 0.001207
2021	0.000126	0.000178	– 0.000022	2029	– 0.001462	0.000853	– 0.002593
2022	0.000082	0.000182	– 0.000080	2030	– 0.015805	0.000892	0.097161
				均值	– 0.001061	0.000265	0.005763
年份	GYGL_10	$GYSO_2\_10$	$GYSO_2QD\_10$	年份	GYGL_10	$GYSO_2\_10$	$GYSO_2QD\_10$
2015	0.000000	0.000000	0.000000	2023	0.000071	0.000000	0.000212
2016	0.000255	0.000042	0.000123	2024	0.000128	– 0.000038	0.000184
2017	0.000222	0.000195	0.000320	2025	0.000117	– 0.000101	0.000110
2018	0.000160	0.000156	0.000290	2026	0.000054	– 0.000207	0.000180
2019	0.000142	0.000093	0.000239	2027	0.000046	– 0.000411	0.000107
2020	0.000183	0.000076	0.000259	2028	0.000000	– 0.000880	0.000055
2021	0.000165	0.000048	0.000224	2029	0.000000	– 0.002051	0.000053
2022	0.000077	0.000019	0.000194	2030	– 0.003301	0.132496	0.000060
				均值	– 0.000105	0.008090	0.000163

资料来源：作者测算。

表 5 - 13 表明，西南地区研发投入增加，对九大主要内生变量的影响关系和影响程度不同。其中，对二氧化碳的影响最大，平均约为 0.062490 个百分点且方向为负，说明未来一段时期内，西南地区研发投入的上升对全国二氧化碳排放有明显的负向影响；排在第二位的是二氧化碳强度，平均约为 0.060463 个百分点且方向为负，可见，未来西南地区研发投入的上升有利于全国二氧化碳强度下降；排在第三位的是工业二氧化硫，平均约为 0.008090 个百分点且方向为正，说明未来一段时期内，西南地区研发投入的上升并未降低全国工业二氧化硫的排放。

（8）西北区域研发投入增加的二氧化碳减排效应。1998 ~ 2014 年，西北地区研发投入年均实际增长率约为 15.70% 。为了进行对比分析，同样假定 2015 ~ 2030 年这段时间内，西北地区研发投入实际增长率也为 20% 。以此作为分析情景 11，并在该情景下运算宏观经济计量模型，得出相应的内生变量值，所得内生变量值用 "内生变量名_11" 来表示。由情景 11 所得内生变量模拟值的变动率如表 5 - 14 所示。

表 5 - 14　　　　　　　　情景 11 主要内生变量模拟值变动率　　　　　　单位:%

年份	CO_2_11	CO_2QD_11	DWNH_11	年份	CO_2_11	CO_2QD_11	DWNH_11
2015	0.000000	0.000000	0.000000	2023	0.000000	0.000000	0.000000
2016	0.000149	0.000195	- 0.000045	2024	0.000000	0.000000	0.000000
2017	- 0.000270	- 0.000302	0.000000	2025	0.000060	0.000000	0.000000
2018	0.000085	0.000115	0.000000	2026	0.000000	0.000000	0.000000
2019	- 0.000013	0.000000	0.000000	2027	0.000023	0.000000	0.000000
2020	- 0.000021	0.000000	0.000000	2028	0.000416	0.000702	0.000000
2021	0.000000	0.000000	0.000000	2029	0.000468	0.000853	0.000000
2022	0.000031	0.000000	0.000000	2030	0.001204	0.002005	0.000000
				均值	0.000133	0.000223	- 0.000003
年份	GDP_11	GDPC_11	GYFS_11	年份	GDP_11	GDPC_11	GYFS_11
2015	0.000000	0.000000	0.000000	2023	0.000013	0.000000	0.000018
2016	0.000073	0.000049	- 0.000038	2024	0.000000	0.000021	- 0.000013

续表

年份	GDP_11	GDPC_11	GYFS_11	年份	GDP_11	GDPC_11	GYFS_11
2017	0.000046	0.000022	0.000077	2025	0.000000	0.000012	− 0.000029
2018	0.000018	0.000000	0.000000	2026	0.000000	0.000025	− 0.000014
2019	0.000000	0.000085	0.000000	2027	0.000000	0.000017	0.000000
2020	0.000016	0.000000	0.000000	2028	− 0.000128	0.000029	− 0.000219
2021	0.000013	0.000000	− 0.000011	2029	− 0.000133	0.000061	− 0.000216
2022	0.000000	0.000000	− 0.000016	2030	0.000000	0.000064	− 0.000307
				均值	− 0.000005	0.000024	− 0.000048

年份	GYGL_11	GYSO$_2$_11	GYSO$_2$QD_11	年份	GYGL_11	GYSO$_2$_11	GYSO$_2$QD_11
2015	0.000000	0.000000	0.000000	2023	0.000000	0.000022	0.000042
2016	0.000128	0.000021	0.000061	2024	0.000064	0.000000	0.000046
2017	0.000015	0.000060	0.000080	2025	− 0.000017	− 0.000017	0.000000
2018	0.000011	− 0.000012	0.000032	2026	0.000000	− 0.000015	0.000000
2019	0.000010	− 0.000013	0.000000	2027	0.000000	0.000000	0.000000
2020	0.000000	0.000015	0.000029	2028	0.000000	− 0.000098	0.000000
2021	0.000000	0.000000	0.000000	2029	0.000000	− 0.000192	0.000000
2022	0.000000	0.000000	0.000000	2030	0.000029	0.000000	− 0.000002
				均值	0.000016	− 0.000014	0.000018

资料来源：作者测算。

表 5 – 14 表明，西北地区研发投入增加，对九大主要内生变量的影响关系和影响程度不同。其中，对二氧化碳强度的影响最大，平均约为 0.000223 个百分点且方向为正，说明未来一段时期内，西北地区研发投入的上升对全国二氧化碳强度有明显的正向影响；排在第二位的是二氧化碳，平均约为 0.000133 个百分点且方向为正，可见，未来西北地区研发投入的上升不利于全国二氧化碳排放量的下降；排在第三位的是实际国内生产总值，平均约为 0.000024 个百分点且方向为正，说明未来一段时期内，西北地区研发投入的上升对全国经济增长有助推作用。

5.4.3　单项政策碳减排目标可达性分析

2009 年在哥本哈根世界气候大会上，我国政府承诺争取到 2020 年单位 GDP 二氧化碳排放将比 2005 年下降 40% ~ 45%；2015 年在巴黎世界气候大会上，我国政府进一步承诺到 2030 年单位 GDP 二氧化碳排放将比 2005 年下降 60% ~ 65%。按照本章研究的计算，2005 年我国每万元 GDP 二氧化碳排放量为 6.9589 吨，2014 年我国每万元 GDP 二氧化碳排放量为 4.3343 吨，相比 2005 年下降了 37.72%。此外，可以对我国在哥本哈根世界气候大会和巴黎世界气候大会上做出的碳减排目标进行量化，本章研究将这两年承诺的减排目标分别称为"哥本哈根目标"和"巴黎目标"。经计算，"哥本哈根目标"为 2020 年每万元 GDP 二氧化碳排放量为 3.8274 ~ 4.1753 吨；"巴黎目标"为 2030 年每万元 GDP 二氧化碳排放量为 2.4356 ~ 2.7836 吨。为了计算 2015 ~ 2030 年我国单位 GDP 二氧化碳排放情况，本研究分别以"哥本哈根目标"和"巴黎目标"为终期，且假定该段时期每年二氧化碳强度下降率相同。经计算，若以实现"哥本哈根目标"为主，则 2015 ~ 2030 年每年二氧化碳强度下降率为 0.6209% ~ 2.0517%；若以实现"巴黎目标"为主，则 2015 ~ 2030 年每年二氧化碳强度下降率为 2.7298% ~ 3.5382%。如图 5 - 2 所示，未来一段时期内，中国若维持实现"哥本哈根目标"的碳减排强度，则在 2020 年能够实现该减排目标，但若在 2020 ~ 2030 年这段时期内继续维持这样一个减排强度，则无法实现"巴黎目标"；若始终维持实现"巴黎目标"的碳减排强度，则两个减排目标均能如期实现。因此，本节以实现"巴黎目标"的二氧化碳强度下降率，计算了 2015 ~ 2030 年我国的二氧化碳强度，并运行宏观计量经济模型，推算出特定外生政策变量的变动情况。

（1）二氧化碳减排可达目标下的环境污染治理投资变动。以实现我国 2030 年单位 GDP 二氧化碳排放比 2005 年下降 60% ~ 65% 的"巴黎目标"为基础，设定了 2015 ~ 2030 年的二氧化碳强度下降率，指定外生政策变量环境污染治理投资额为控制变量，并以此作为情景 12，运行宏观计量经济模型，得出环境污染治理投资额相对基准情景的变动情况，如表 5 - 15 所示。

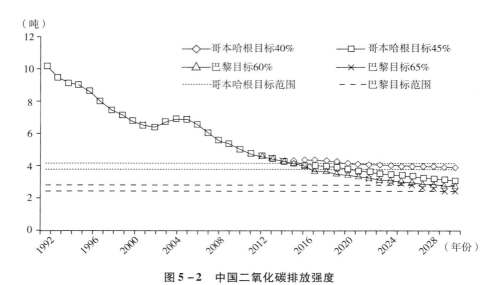

图 5 - 2　中国二氧化碳排放强度

资料来源：作者绘制。

表 5 - 15　　　　　　情景 12 环境污染治理投资变量模拟值变动

年份	巴黎目标 60%		巴黎目标 65%	
	与基准方案的差距（亿元）	变动率（%）	与基准方案的差距（亿元）	变动率（%）
2015	2622. 2320	23. 2483	3528. 4383	31. 2826
2016	3088. 9845	23. 2497	4156. 4412	31. 2841
2017	3638. 4595	23. 2488	4895. 8362	31. 2832
2018	4285. 9254	23. 2493	5767. 0286	31. 2837
2019	5048. 4154	23. 2489	6793. 0404	31. 2832
2020	5946. 9849	23. 2502	8002. 0461	31. 2846
2021	7004. 5240	23. 2482	9425. 1970	31. 2825
2022	8250. 3757	23. 2470	11101. 7222	31. 2812
2023	9718. 6163	23. 2476	13077. 3115	31. 2819
2024	11447. 5828	23. 2472	15403. 8640	31. 2814
2025	13485. 7249	23. 2494	18146. 0195	31. 2838

年份	巴黎目标60%		巴黎目标65%	
	与基准方案的差距（亿元）	变动率（%）	与基准方案的差距（亿元）	变动率（%）
2026	15883.8329	23.2474	21373.2292	31.2817
2027	18710.1791	23.2477	25176.2975	31.2819
2028	22040.3031	23.2488	29656.9869	31.2831
2029	25961.9028	23.2489	34933.8002	31.2832
2030	30581.2672	23.2489	41149.5074	31.2832

资料来源：作者测算。

表 5 - 15 表明，若到 2030 年我国单位 GDP 二氧化碳排放比 2005 年下降 60%，则我国环境污染治理投资额相对于基准情景应呈逐年增加的趋势，增长率基本维持在 23.24% ~ 23.25%，年均增加 23.25%；若到 2030 年单位 GDP 二氧化碳排放比 2005 年下降 65%，则我国环境污染治理投资额相对于基准情景应呈逐年增加的趋势，增长率基本维持在 31.28% ~ 31.29%，年均增加 31.28%。

（2）二氧化碳减排可达目标下的资源税变动。以实现我国 2030 年单位 GDP 二氧化碳排放将比 2005 年下降 60% ~ 65% 的"巴黎目标"为基础，设定了 2015 ~ 2030 年的二氧化碳强度下降率，指定外生变量资源税为控制变量，并以此作为情景 13，运行宏观计量经济模型，得出资源税相对基准情景的变动情况，如表 5 - 16 所示。

表 5 - 16　　　　　　　　　情景 13 资源税变量模拟值变动

年份	巴黎目标60%		巴黎目标65%	
	与基准方案的差距（亿元）	变动率（%）	与基准方案的差距（亿元）	变动率（%）
2015	- 95.4693	- 7.0013	- 122.9737	- 9.0184
2016	- 114.8578	- 6.6950	- 148.0109	- 8.6275
2017	- 181.0477	- 8.3880	- 232.6598	- 10.7791

续表

年份	巴黎目标60%		巴黎目标65%	
	与基准方案的差距（亿元）	变动率（%）	与基准方案的差距（亿元）	变动率（%）
2018	-238.6812	-8.7893	-306.5221	-11.2875
2019	-288.0642	-8.4314	-370.1697	-10.8345
2020	-375.5998	-8.7379	-482.4208	-11.2230
2021	-484.4715	-8.9583	-622.0325	-11.5019
2022	-567.0473	-8.3339	-728.8356	-10.7117
2023	-715.2108	-8.3548	-919.2618	-10.7385
2024	-958.5645	-8.9001	-1230.8571	-11.4284
2025	-1104.0252	-8.1476	-1419.3790	-10.4748
2026	-1203.2095	-7.0577	-1549.9336	-9.0915
2027	-1333.1474	-6.2155	-1719.2802	-8.0157
2028	159.2636	0.5902	208.9520	0.7743
2029	414.1259	1.2198	544.9463	1.6051
2030	791.6361	1.8533	1043.4056	2.4427

资料来源：作者测算。

表 5-16 表明，若到 2030 年我国单位 GDP 二氧化碳排放比 2005 年下降 60%，则我国资源税变量相对于基准情景应呈先降低后增加的趋势，2015~2027 年呈降低趋势，年均降低 8%，2028~2030 年呈增加趋势，年均增加 1.22%；若到 2030 年单位 GDP 二氧化碳排放比 2005 年下降 65%，则我国资源税变量相对于基准情景应呈先降低后增加的趋势，2015~2027 年呈降低趋势，年均降低 10.29%，2028~2030 年呈增加趋势，年均增加 1.61%。

（3）二氧化碳减排可达目标下的消费税变动。以实现我国 2030 年单位 GDP 二氧化碳排放将比 2005 年下降 60%~65% 的"巴黎目标"为基础，设定了 2015~2030 年的二氧化碳强度下降率，指定外生变量消费税为控制变量，并以此作为情景 14，运行宏观计量经济模型，得出消费税相对基准情景的变动情况，如表 5-17 所示。

表 5 - 17 　　　　　　　　　　　情景 14 消费税变量模拟值变动

年份	巴黎目标60%		巴黎目标65%	
	与基准方案的差距（亿元）	变动率（%）	与基准方案的差距（亿元）	变动率（%）
2015	2198.5409	20.4124	2953.4392	27.4213
2016	2382.5426	18.2936	3189.8843	24.4925
2017	3136.7882	19.9177	4202.6864	26.6859
2018	3435.4297	18.0399	4585.5825	24.0794
2019	2535.9322	11.0125	3347.2473	14.5357
2020	1016.4832	3.6505	1310.1343	4.7050
2021	- 1551.0317	- 4.6064	- 2038.0229	- 6.0528
2022	- 2345.8978	- 5.7617	- 3062.6098	- 7.5220
2023	- 5361.9635	- 10.8909	- 6912.1862	- 14.0396
2024	- 14481.5170	- 24.3248	- 18190.0467	- 30.5541
2025	- 22344.9372	- 31.0393	- 27701.5491	- 38.4802
2026	- 35118.8671	- 40.3433	- 37159.0159	- 42.6869
2027	- 46268.0714	- 43.9551	- 49058.4399	- 46.6060
2028	- 60266.8977	- 47.3482	- 63969.3340	- 50.2570
2029	- 77781.8456	- 50.5360	- 82587.7776	- 53.6585
2030	- 99628.4186	- 53.5307	- 105763.8351	- 56.8273

资料来源：作者测算。

表 5 - 17 表明，若到 2030 年我国单位 GDP 二氧化碳排放比 2005 年下降 60%，则我国消费税变量相对于基准情景应呈先增加后下降的趋势，2015 ~ 2020 年呈增加趋势，年均增加 15.22%，2020 ~ 2030 年呈下降趋势，年均降低 30.23%；若到 2030 年单位 GDP 二氧化碳排放比 2005 年下降 65%，则我国消费税变量相对于基准情景应呈先增加后降低的趋势，2015 ~ 2020 年呈增加趋势，年均增加 20.32%，2020 ~ 2030 年呈下降趋势，年均下降 34.67%。

（4）二氧化碳减排可达目标下的排污费变动。以实现我国 2030 年单位 GDP 二氧化碳排放将比 2005 年下降 60% ~ 65% 的"巴黎目标"为基础，设定了 2015 ~ 2030 年的二氧化碳强度下降率，指定外生变量排污费为控制变量，并以此作为情景 15，运行宏观计量经济模型，得出排污费相对基准情景的变动情况，如表 5 - 18 所示。

表 5 - 18　　　　　　　　　**情景 15 排污费变量模拟值变动**

年份	巴黎目标 60%		巴黎目标 65%	
	与基准方案的差距（亿元）	变动率（%）	与基准方案的差距（亿元）	变动率（%）
2015	- 5. 7550	- 2. 8126	- 7. 4615	- 3. 6466
2016	- 6. 0211	- 2. 6869	- 7. 8076	- 3. 4841
2017	- 8. 3071	- 3. 3847	- 10. 7592	- 4. 3838
2018	- 9. 5456	- 3. 5513	- 12. 3600	- 4. 5983
2019	- 10. 0170	- 3. 4027	- 12. 9739	- 4. 4072
2020	- 11. 3808	- 3. 5299	- 14. 7374	- 4. 5711
2021	- 12. 7877	- 3. 6216	- 16. 5568	- 4. 6890
2022	- 13. 0025	- 3. 3623	- 16. 8430	- 4. 3554
2023	- 14. 2770	- 3. 3710	- 18. 4942	- 4. 3667
2024	- 16. 6863	- 3. 5974	- 21. 6055	- 4. 6579
2025	- 16. 6887	- 3. 2852	- 21. 6196	- 4. 2558
2026	- 15. 7770	- 2. 8357	- 20. 4576	- 3. 6770
2027	- 15. 1760	- 2. 4906	- 19. 6850	- 3. 2306
2028	1. 5452	0. 2316	2. 0262	0. 3036
2029	3. 4552	0. 4728	4. 5272	0. 6194
2030	5. 7194	0. 7145	7. 4940	0. 9362

资料来源：作者测算。

　　表 5 - 18 表明，若到 2030 年我国单位 GDP 二氧化碳排放比 2005 年下降 60%，则我国排污费变量相对于基准情景应呈先下降后上升的趋势，2015 ~ 2027 年呈下降趋势，年均降低 3. 23%，2028 ~ 2030 年呈增加趋势，年均增加 0. 47%；若到 2030 年单位 GDP 二氧化碳排放比 2005 年下降 65%，则我国排污费变量相对于基准情景应呈先降低后增加的趋势，2015 ~ 2027 年呈下降趋势，年均下降 4. 18%，2028 ~ 2030 年呈增加趋势，年均增加 0. 62%。

（5）二氧化碳减排可达目标下的能源价格变动。以实现我国 2030 年单位 GDP 二氧化碳排放将比 2005 年下降 60% ~ 65% 的"巴黎目标"为基础，设定了 2015 ~ 2030 年的二氧化碳强度下降率，指定外生变量能源价格为控制变量，并以此作为情景 16，运行宏观计量经济模型，得出能源价格相对基准情景的变动情况，如表 5 – 19 所示。

表 5 – 19　　　　　　　　　情景 16 能源价格变量模拟值变动

年份	巴黎目标 60%		巴黎目标 65%	
	与基准方案的差距（亿元）	变动率（%）	与基准方案的差距（亿元）	变动率（%）
2015	14. 1747	2. 6209	18. 5321	3. 4266
2016	14. 8351	2. 5720	19. 3939	3. 3624
2017	13. 7891	2. 2416	18. 0165	2. 9288
2018	14. 6131	2. 2274	19. 0903	2. 9099
2019	16. 6736	2. 3830	21. 7900	3. 1143
2020	17. 2121	2. 3066	22. 4905	3. 0140
2021	18. 1614	2. 2821	23. 7291	2. 9817
2022	20. 7513	2. 4449	27. 1212	3. 1954
2023	22. 3510	2. 4692	29. 2132	3. 2273
2024	24. 2525	2. 5122	31. 7000	3. 2836
2025	28. 5352	2. 7715	37. 3117	3. 6239
2026	34. 7936	3. 1686	45. 5239	4. 1458
2027	49. 1345	4. 1956	64. 3822	5. 4977
2028	83. 3889	6. 6767	109. 6456	8. 7790
2029	93. 2088	6. 9976	122. 6264	9. 2061
2030	103. 9798	7. 3195	136. 8726	9. 6349

资料来源：作者测算。

表 5 – 19 表明，若到 2030 年我国单位 GDP 二氧化碳排放比 2005 年下降 60%，则我国能源价格相对于基准情景应呈逐年增加的趋势，增长率基本维持在 2.22% ~ 7.32%，年均增加 3.45%；若到 2030 年单位 GDP 二氧化碳排

放比2005年下降65%，则我国能源价格相对于基准情景应呈逐年增加的趋势，增长率基本维持在2.90%~9.64%，年均增加4.52%。

5.4.4 减排政策优化组合效应分析

上文一系列的情景分析可知，研发投入的增加对我国降低二氧化碳排放强度有明显的积极作用；在假定二氧化碳强度的目标情况下反推其他外生变量，各种外生变量相对于基准情景也有明显的变动，这对于政府制定二氧化碳减排政策有一定的指导意义。然而，上述情景分析均是在其他外生变量固定的条件下，只对某一特定外生变量进行的分析判断。在复杂的现实生活中，往往是多种政策联合变动的。因此，本研究以"巴黎目标"为参考标准，进一步考虑了多种外生变量同时变动时二氧化碳排放强度的模拟值。

结合上文的模拟情景分析，能够较快地确定各个外生变量的变动情况。由于研发投入变动所引起的二氧化碳强度变动相对较小，故仍设定研发投入增长20%。在二氧化碳强度可达性分析的小节中，发现环境污染治理投资、消费税、能源价格三个变量相对于基准情景都有所增加，而资源税和排污费相对于基准情景有所减少。虽然这两个变量相对于基准情景有所减少，但其绝对值仍然呈逐年增加的趋势。鉴于此，本研究经过多次模拟尝试，发现当研发投入年均增长20%，环境污染治理投资年均增长20%，资源税年均增长20%，消费税年均增长15%，排污费年均增长10%，能源价格年均上升10%，能源结构年均下降2%时，二氧化碳强度的模拟值与"巴黎目标"较为接近，如表5-20所示。

表5-20　　　　　　多种变量变动时二氧化碳强度的模拟值

年份	二氧化碳强度模拟值	巴黎目标 60%	相对差距（%）	巴黎目标 65%	相对差距（%）
2015	4.0335	4.2160	-4.3294	4.1810	-3.5277
2016	3.7149	4.1009	-9.4137	4.0330	-7.8890
2017	3.6982	3.9890	-7.2900	3.8903	-4.9395
2018	3.6310	3.8801	-6.4200	3.7527	-3.2433

年份	二氧化碳强度模拟值	巴黎目标60%	相对差距（%）	巴黎目标65%	相对差距（%）
2019	3.5538	3.7742	−5.8390	3.6199	−1.8266
2020	3.5566	3.6711	−3.1185	3.4918	1.8563
2021	3.5425	3.5709	−0.7945	3.3683	5.1737
2022	3.5836	3.4734	3.1720	3.2491	10.2955
2023	3.6477	3.3786	7.9642	3.1341	16.3859
2024	3.3360	3.2864	1.5100	3.0233	10.3453
2025	3.2731	3.1967	2.3900	2.9163	12.2347
2026	3.2403	3.1094	4.2100	2.8131	15.1870
2027	3.0757	3.0245	1.6900	2.7136	13.3435
2028	2.8758	2.9420	−2.2500	2.6176	9.8651
2029	2.8119	2.8617	−1.7400	2.5249	11.3638
2030	2.6870	2.7836	−3.4700	2.4356	10.3200

资料来源：作者测算。

由表 5－20 可知，在上述外生变量预设变动的情景下，2015～2030 年我国二氧化碳强度的变动情况与"巴黎目标 60%"的预设值较为吻合，而与"巴黎目标 65%"的预设值仍有一定的差距。具体来看，与"巴黎目标 60%"相比，二氧化碳模拟值呈先低后高再低的变动情况；与"巴黎目标 65%"相比，呈先低后高的变动情况。可见，上述模拟情景肯定了各种外生政策变量对实现二氧化碳强度降低有一定的积极作用。鉴于此，以下分析了我国未来碳减排政策的侧重点。

第一，继续增加技术创新投入，加快技术创新成果的产出和应用，尤其要注重与改善大气环境相关的先进技术运用。根据国家统计局的数据，2011～2015 年我国 R&D 经费支出由 8687.0 亿元上升至 14169.9 亿元，年均上升13.08%，R&D 经费支出占国内生产总值的比重由 1.78% 上升至 2.07%，该比重与发达国家还有一定的差距。近 5 年的 R&D 经费支出增长情况与上文预设的增长率还有一定的差距，未来时期应当继续扩大技术研发投入，为改善大气环境和兑现减排承诺提供坚实的资本基础。此外，新技术、新成果产业化运作也是制约二氧化碳减排的重要因素。据统计，2011～2015年我国科技成果登记数由44208个增至55284个，年均上升5.94%。可见，科技成果产出效率与研发投入仍存在较大的差距，科技产出的增长远远落后于研发投入的增长。因此，未来在科技创新方面应当进一步提高科技产出效率，加快科技成果尤其是生产工艺绿色化的新技术的产业化运用，变投资驱动发展为创新驱动发展，推动产业的绿色化进程，降低能源消耗，有效控制二氧化碳排放。

第二，逐步缩小传统能源的生产生活运用范围，鼓励新能源的开发与推广。二氧化碳主要来源于传统碳基能源的消耗。我国是一个"富煤贫油少气"的传统能源结构单一型国家。改革开放以来，我国经济发展以"高投入、高消耗、高污染、低效益"为主要特征，传统能源消耗逐年膨胀，二氧化碳排放不断提高。此外，城市化进程的深化也使得日常生活能源消耗增加，进一步增加碳减排压力。因此，长期来看，在能源政策方面应当逐步缩小传统能源的运用范围，推动能源改革，扩大新能源的使用面，优化能源结构。一方面，逐步提高传统能源资源的价格，增加企业传统能源消耗成本，倒逼企业选择"成本小、污染少、效益高"的新能源；另一方面，政府应当积极推动城市生活能源改革，促进生活能源消耗向清洁化方向转变，不仅可以降低企业的减排压力，还能达到控制二氧化碳排放的目的。

第三，源头管理与末端治理并行，继续加强环境污染管制水平，继续提高污染治理水平。多年来"三高一低"的发展方式支撑起了国家经济，使得许多企业也形成了以污染促发展的畸形发展惯性。为了改变当下企业的粗放发展模式，不仅需要企业内部的改革，也需要外部的倒逼压力。因此，一方面，企业自身可以引进先进的治污技术，研发清洁化的生产工艺，提高污染物控制水平；另一方面，地方环境监管部门也要加强污染监管力度，健全污染惩罚制度，惩罚型机制与激励型机制共同发力，确保企业污染情况保持在红线范围之内。

5.5　本章小结

本章建立中国区域—宏观计量经济模型，模拟分析得出如下主要结论：

第一，三大区域研发投入同等幅度增加对二氧化碳及其强度的影响方向均为一致，都会抑制二氧化碳排放量和二氧化碳强度上升。三大区域研发投入增加对二氧化碳排放的影响程度由大到小呈现东西中的排列情况，对二氧化碳强度的影响程度由大到小呈现西东中的排列情况。

第二，三大区域研发投入的增加对其他经济和环境变量的影响关系基本一致，均表现为促进经济增长，降低单位 GDP 能源消耗，抑制工业废水排放，但对工业固体废物和工业二氧化硫的抑制作用在后期才得以体现。八大区域中除东北区域以外，研发投入对碳排放的影响趋势同三大区域的基本相似。

第三，要实现巴黎世界气候大会上我国政府承诺的二氧化碳减排目标，相关单项政策的变动趋势分别为：环境污染治理投资额相对基准情景高出 23% ~ 31%；资源税相对于基准情景呈先降低后增加的趋势，2028 ~ 2030 年年均增加 1.22% ~ 1.61%；消费税相对基准情景呈现先增加后降低的趋势，2015 ~ 2020 年均增加 15.22% ~ 20.32%；排污费相对基准情景则呈现先降低后增加的趋势，2028 ~ 2030 年均增加 0.47% ~ 0.62%；能源价格相对于基准情景，年均增长率在 3.45% ~ 4.52%。

第四，以巴黎世界气候大会上我国政府承诺的单位 GDP 二氧化碳排放减排下限值 60% 为参考标准，未来我国碳减排政策优化组合的重点为：区域研发投入年均增长 20%，全国环境污染治理投资年均增长 20%，全国资源税年均增长 20%，全国消费税年均增长 15%，全国排污费年均增长 10%，全国能源价格年均上升 10%，全国能源结构年均下降 2%。政策优化组合意味着我国"十三五"时期乃至今后一段时间，碳减排应继续增加技术创新投入，加快技术创新成果的产出和应用，尤其要注重与改善大气环境相关的先进技术运用；逐步缩小传统能源的生产生活运用范围，鼓励新能源的开发与推广，减少碳基能源消耗；源头管理与末端治理并行，继续加强环境污染管制水平，继续提高污染治理水平。

第6章　中国碳减排政策减排效应 DSGE 模拟分析

6.1　引言

动态随机一般均衡模型（DSGE）已经成为当代宏观经济分析的一个基本工具（托雷斯，2015）。在一般均衡的框架下，DSGE 模型采用动态最优化的方法考察经济系统中行为主体的决策，能够很好地刻画经济系统中个体行为及个体效用最大化准则下经济系统所体现的整体特性。由于 DSGE 模型专长于刻画经济系统的具体结构，便于进行各种类型的冲击模拟，而自下而上的建模原则又赋予其逻辑清晰的解释能力，非常适合于冲击传导研究和政策模拟（杨晓光，2014）。DSGE 模型已经在财政政策、货币政策、环境政策等方面得到了广泛应用。一些学者将宏观经济学中的 DSGE 建模应用到生态环境领域（高超平等，2017）。费希尔和斯普林伯恩（Fischer & Springborn，2009）利用 RBC 模型研究了排放强度、碳税、碳排放限额和碳排放目标的关系，发现限额和碳税会抑制经济体中生产率冲击的效果。哲罗普洛斯等（Angelopoulos et al.，2010）利用 DSGE 模型研究了最优减排政策，发现碳税政策优于碳排放规则政策。布可夫斯基和科瓦尔（Bukowski & Kowal，2010）利用 DSGE 模型对欧洲碳排放政策进行了评估，发现节能减排对生态环境和经济结构改善起到推进作用。海特尔（Heutel，2012）利用 DSGE 模型，通过社会福利函数的分析，研究了最优减排政策问题。费希尔和海特尔（Fischer & Heutel，2013）对纳入污染和环境政策的真实周期模型、考虑内生技术进步的宏观经济模型在环境政策方面的研究进行了比较。安尼奇亚里科和迪奥（Annicchiarico & Dio，2015）利用 DSGE 模型对碳排放强度、碳排放上限和碳税三种环境政策进行了比较，发现当存在价格粘性时，碳税政策更能增加社会福利。迪索和卡尼索瓦（Dissou & Karnizova，2016）利用多部门 DSGE 模型研究了技术冲击下的碳减排政策，发现当冲击来自非能源部门时碳排放配额政策与碳税政策无明显差异。

杨翱等（2014）对 DSGE 模型在环境和能源领域的研究做了三个方面的分析。朱智洺和方培（2015）利用 DSGE 模型研究了能源价格与碳排放的动态影响关系，发现能源价格波动对碳排放的作用为负向的。杨翱等（2016）构建了引入工资粘性的动态随机一般均衡（DSGE）模型，研究发现在五种外生冲击中，货币冲击持续的时间最长，能源价格冲击影响的强度最大。刘建华等（2016）构建区域创新体系 DSGE 模型组，进而形成了由 30 个模型组成的河南创新体系 DSGE 模型体系，运用贝叶斯方法和计量经济学方法等进行参数估计，分析出城镇化、工业化、信息化等的波动对河南创新体系状态变量和控制变量的作用效果。武晓利（2017a）通过构建包含环保政策因素的三部门动态随机一般均衡（DSGE）模型，研究发现，征收碳税以及提升环境消费偏好均能够显著改善环境质量，但对经济增长存在一定的负效应。高超平等（2017）围绕居民、企业、环境三者关系构建 DSGE 模型，研究发现，碳配额的总量目标不变时，调整免费配额比例只能影响有偿发放配额的均衡价格。肖红叶和程郁泰（2017）构建环境 DSGE 模型框架，发现环境政策对我国经济系统稳定性没有产生特别强烈的负面冲击。武晓利（2017b）通过构建三部门双系统的 DSGE 模型，发现生产技术对产出、非能源与能源消费、投资和就业具有正效应，但长期内导致碳排放量上升；环保技术对产出、非能源与能源消费、投资和就业具有正效应，同时有效降低碳排放，且环保技术冲击对各变量的影响均有较强的持续性。

上述利用 DSGE 模型研究碳减排的相关研究中，多数情况下讨论的是技术冲击（通常用全要素生产率冲击来衡量）、减排政策冲击（常见的有碳排放强度、碳排放上限和碳税等冲击）对碳排放的影响，较少涉及技术创新（R&D 投入）冲击、专有技术投资冲击、环境治理政策冲击对碳排放影响的综合研究。因此，本章在前人研究的基础上，以克利玛等（Klima et al.，

2015）的研究为基础，以克利玛等（Klima et al.，2015）的垄断竞争的 RBC 模型为框架，将专有技术投资纳入居民资本积累过程中[①]，将技术创新（R&D 投入）、碳税等因素纳入企业生产过程中，将环境治理纳入政府行为中，构建了一个包括居民、企业和政府三个部门的动态随机一般均衡模型，以分析这些因素对社会产出和二氧化碳排放的影响[②]。

6.2　模型构建

6.2.1　居民

假定经济体中生活着无数个无限生命期限的同质居民，居民的偏好是时间可分离的，居民效用函数采用对数形式，居民在每一期规划其消费与劳动供给以最大化一生的效用。借鉴杰格尔和罗赫（Jerger & Röhe，2014）、武晓利和晁江锋（2014）、托雷斯（2015）、徐文成等（2015）研究中的居民效用函数设定形式，模型中代表性居民面临着如式（6.1）的最优化问题。

$$\max E_0 \sum_{t=0}^{\infty} \{\beta^t [\gamma \ln C_t + (1 - \gamma)\ln(1 - Ls_t) - \tau \ln H_t]\} \tag{6.1}$$

式（6.1）中，E_0 表示条件期望算子，β 表示居民消费贴现因子，γ 表示居民闲暇比重，τ 表示环境污染（本章指二氧化碳排放量）给居民带来的负效用权重。C_t 表示第 t 期实际居民消费支出，Ls_t 表示居民劳动供给时间，$1 - LS_t$ 表示居民闲暇时间（托雷斯，2015），H_t 表示中间品生产企业二氧化碳排放量。

代表性居民的预算约束为：

$$P_{Ft}C_t + P_{Ft}I_t = W_t Ls_t + R_t Ks_{t-1} + pi_t + pi\_ps_t - T_t \tag{6.2}$$

---

① 在 DSGE 模型中，资本存量的所有者可以是居民或者是厂商，托雷斯（2015，pp19）详细进行了论述。本模型假定资本为居民所有。

② 本章的主要目标是考察技术创新投入、碳税、环境治理等政策对二氧化碳减排及经济增长的影响机制，重点考查能否实现"减排"与"增长"双赢现象。出于这一主要目标，本章建立的 DSGE 模型没有将中国分为三大区域或八大区域来研究。一国多区域 DSGE 模型需要考虑区域互动关系，建模比较复杂，有关一国多区域 DSGE 模型的文献，可参考 Tamegawa（2012）。国内尚无真正意义的一国多区域 DSGE 模型，一国多区域 DSGE 模型可以进一步研究区域政策的差异化，无疑这一研究对于我国来说更具有实现指导意义，这将在未来做进一步研究。

式（6.2）中，P_{Ft} 表示最终产品价格水平，I_t 为 t 期实际居民投资，W_t 为 t 期名义劳动价格，R_t 为 t 期名义资本价格，pi_t 和 pi_ps_t 表示企业利润（假定企业利润全部为居民所有），T_t 表示居民每期向政府交纳的定量税。

假定居民 t 期的资本存量为 Ks_t，资本以名义价格 R_t 出租给厂商用于生产，居民资本积累按照以下运动方程：

$$Ks_t = (1 - \delta_K)Ks_{t-1} + II_t I_t \left[1 - \frac{\varphi_1}{2}\left(\frac{I_t}{I_{t-1}} - 1\right)^2\right] \tag{6.3}$$

式（6.3）中，δ_K 表示资本折旧率，II_t 表示专有技术投资冲击（华昱，2016；王国静和田国强，2014），$\frac{\varphi_1}{2}\left(\frac{I_t}{I_{t-1}} - 1\right)^2$ 表示投资调整成本函数（托雷斯，2015；张伟进等，2014），φ_1 表示投资调整成本的变动程度。

假定专有技术投资冲击 II_t 的对数服从如下 AR（1）过程：

$$\ln(II_t) = \rho_{II}\ln(II_{t-1}) + \varepsilon_t^{II} \tag{6.4}$$

式（6.4）中随机冲击项 ε_t^{II} 为序列不相关且服从均值为零，标准差为 σ_{II} 的正态分布，$0 \leqslant \rho_{II} < 1$。

6.2.2　厂商

模型中厂商分为最终品厂商和中间品厂商。中间品厂商在垄断竞争的市场上把中间品销售给最终品厂商，最终品厂商将中间品组装以后在完全竞争产品市场上出售给居民。模型中劳动和资本由居民提供，假定生产要素市场处于完全竞争状态。厂商的设定参考了伯南克等（Bernanke et al.，1999）、孙宁华（2015）、李维峰（2013）、蒋颖（2015）等研究。

（1）最终品厂商。最终品厂商通过对连续分布的中间产品进行组装来生产最终产品，按照 DSGE 模型中 Dixit - Stiglitz 的加总方法有：

$$Y_{Ft} = \left[\int_0^1 Y_{MONt}^{\frac{\rho-1}{\rho}} d_{MON}\right]^{\frac{\rho}{\rho-1}} \tag{6.5}$$

式（6.5）中，Y_{Ft} 表示最终产品，Y_{MONt} 表示中间产品，ρ 表示不同中间产品之间的替代弹性，用来衡量中间品厂商垄断程度（盛芳芳，2017），ρ 越小，则任意两个中间产品的可替代弹性也越小，这就意味着中间产品生产商的垄断能力越强（蔡文娟，2016）。

最终品厂商在约束条件（6.5）下面临如下最优化问题：

$$\max\Pi_t = P_{Ft}Y_{Ft} - \int_0^1 P_{MONt}Y_{MONt}d_{MON} \tag{6.6}$$

式（6.6）中，P_{MONt} 表示中间产品垄断价格，求解该最优化问题，可得最终品厂商与中间品厂商的产出水平有如下关系：

$$Y_{MONt} = \left(\frac{P_{MONt}}{P_{Ft}}\right)^{-\rho} Y_{Ft} \tag{6.7}$$

完全竞争的最终产品市场上，最终品厂商的利润为零，则有：

$$P_{Ft} = \left[\int_0^1 P_{MONt}{}^{(1-\rho)}d_{MON}\right]^{\frac{1}{1-\rho}} \tag{6.8}$$

（2）中间品厂商。中间品厂商在完全竞争的要素市场上购买劳动 Ld_t 和资本 Kd_t，投入 RD_t 的费用用于企业技术创新活动，企业在生产过程中每单位二氧化碳排放被政府征收 Ph_t 单位的碳税。中间品生产商第一阶段面临如下最优化问题：

$$\max pi_t = E_0 \sum_{t=0}^{\infty} \beta^t \frac{\lambda_{t+1}}{\lambda_t}\left[P_tY_t - R_tKd_t - W_tLd_t - Ph_tH_t - RD_t\right] \tag{6.9}$$

式（6.9）中，λ_t 表示居民的边际效用（毛彦军等，2013），P_t 表示中间产品 Y_t 的出厂价格，H_t 表示中间产品生产企业二氧化碳排放量。

中间品生产商在这一阶段面临的约束条件如下：

$$Y_t = A_tKd_t{}^{\alpha_K}Ld_t{}^{\alpha_L}SRD_{t-1}{}^{\alpha_{SRD}} \tag{6.10}$$

$$H_t = n_1Y_t{}^{n_2}SRD_{t-1}^{n_3}HJZL_t{}^{n_4} \tag{6.11}$$

$$SRD_t = (1 - \delta_{SRD})SRD_{t-1} + RRS_tRD_t \tag{6.12}$$

式（6.10）是中间品厂商生产函数，A_t 表示技术进步即全要素生产率（庄子罐等，2012），其对数服从 $AR(1)$ 过程。α_K、α_L、α_{SRD} 分别表示实物资本 Kd_t、劳动 Ld_t、研发资本 SRD_t 的产出弹性，δ_{SRD} 表示研发资本折旧率。$HJZL_t$ 表示环境治理投资，RD_t 表示企业技术创新投入。Ph_t、$HJZL_t$ 和 RRS_t 分别表示碳税税率冲击、环境治理投资冲击和研发投入冲击，对数服从 $AR(1)$ 过程。

$$\ln(A_t) = \rho_A\ln(A_{t-1}) + \varepsilon_t^A \tag{6.13}$$

$$\ln(HJZL_t) = \rho_{HJZL}\ln(HJZL_{t-1}) + \varepsilon_t^{HJZL} \tag{6.14}$$

$$\ln(RRS_t) = \rho_{RRS}\ln(RRS_{t-1}) + \varepsilon_t^{RRS} \tag{6.15}$$

$$\ln(Ph_t) = \rho_{Ph}\ln(Ph_{t-1}) + \varepsilon_t^{Ph} \tag{6.16}$$

式（6.13）~式（6.16）中随机冲击 ε_t^A、ε_t^{HJZL}、ε_t^{RRS}、ε_t^{Ph} 分别为序列不相关且服从均值为零，标准差为 σ_A、σ_{HJZL}、σ_{RRS}、σ_{Ph} 的独立正态分布，ρ_A 为自相关系数，$0 \leqslant \rho_A < 1$，其余自相关系数取值类似。

由于假设中间品厂商是垄断竞争的，厂商在市场上具有一定的定价权。中间品厂商在垄断竞争市场上以垄断价格 P_{MONt} 把中间品卖给最终品厂商，最终品生产商在完全竞争的市场上把中间品组装以后出售给消费者（朱柏松，2013；吴智华和杨秀云，2017）。中间品厂商在给定产品需求 Y_{MONt} 和中间品出厂价格 P_t 的情况下，选择垄断价格 P_{MONt} 实现利润最大化，中间品厂商在第二阶段面临如下优化问题：

$$\max pi\_ps_t = E_0 \sum_{t=0}^{\infty} \left\{ \frac{\lambda_{t+1}{}^U\lambda_{t+1}}{\lambda_t} \left[(P_{MONt} - P_t)Y_{MONt} - \frac{\varphi_2}{2}\left(\frac{P_{MONt}}{PPI \cdot P_{MONt-1}} - 1\right)^2 Y_{Ft}P_{Ft} \right] \right\} \tag{6.17}$$

式（6.17）中，贴现率 $\dfrac{\lambda_{t+1}{}^U\lambda_{t+1}}{\lambda_t}$ 为居民跨期边际替代率。中间品厂商价格存在二次调整成本，二次调整成本按诺特博格（Rotemberg，1982）的形式设定，$\dfrac{\varphi_2}{2}\left(\dfrac{P_{MONt}}{PPI \cdot P_{MONt-1}} - 1\right)^2 Y_{Ft}P_{Ft}$ 表示中间品厂商调整价格 P_{MONt} 需要付出的成本（徐小君和苏桔芳，2015）。φ_2 表示价格调整成本系数，反映中间厂商调整价格所带来的额外成本（盛芳芳，2017；简志宏等，2012），衡量经济中存在的价格粘性（郭立甫等，2013）。

6.2.3　政府

政府部门从居民收取定量税 T_t，同时向中间品厂商征收碳税 Ph_tH_t。政府所有税收等于其治污支出 G_t，政府治污支出用于环境治理投资 $HJZL_t$。对政府部门而言，有如下条件：

$$T_t + Ph_tH_t = P_{Ft}G_t \tag{6.18}$$

$$HJZL_t = n_5 G_t^{n_6} \tag{6.19}$$

式（6.18）中政府支出 G_t 的对数序列服从不相关，均值为零，标准差为 σ_G 的正态分布。

6.3　参数校准与估计

根据刘斌（2010）、李建强（2012）的研究，DSGE 模型中的参数可以分为两大类：一类是反映模型稳态特性的有关参数，通常采用校准（calibration）的方法来设定；另一类是反映模型动态特性的有关参数，通常采用估计的方法来确定。孙宁华（2015）论述了 DSGE 模型中校准方法使用的必要性，本章对反映模型动态特性的部分参数也采用校准的方法。

根据本章 DSGE 模型设定形式，需要校准的静态参数包括：居民消费贴现因子 β、居民闲暇比重 γ、环境污染给居民带来的负效用权重 τ，投资调整成本的变动程度 φ_1，资本折旧率 δ_K。中间品厂商研发资本折旧率 δ_{SRD}，中间产品之间的替代弹性 ρ，中间品厂商价格调整成本系数 φ_2。

环境污染给居民带来的负效用权重：该参数在 DSGE 文献中并不多见，武晓利（2017a）、朱智洺和方培（2015）将此参数取值为 1，郑丽琳和朱启贵（2012）将此参数取值为 2。考虑到"十三五"时期及以后更长的一段时期我国经济社会要实现又好又快发展、居民对环境质量要求进一步提高的实际情况，所以将该参数校准为 3。

投资调整成本的变动程度 φ_1：张佐敏（2014）根据季度数据采用贝叶斯方法得到此参数估计值为 2.105，武彦民和竹志奇（2017）也采用了这一取值，刘金全等（2017）根据季度数据采用贝叶斯方法得到此参数估计值为 1.8976，本章在参数估计时使用年度数据，故将此参数校准为 8。

研发资本折旧率：吴延兵（2006）认为该参数的确定有三种方法：一是根据经验直接将折旧率 δ_{SRD} 设为 15%，如贾菲（Jaffe，1988）；二是对专利净收益的计算来估计；三是假定 δ_{SRD} 值是专利产生收益时间长度的反函数来估计。文献中广泛使用的研发资本存量的年度折旧率一般设为 15%，本章也照此取值。

价格调整成本系数：徐文成等（2015）研究中利用国内宏观数据得到的估计值为 20.9，郭立甫等（2013）的贝叶斯估计方法得到该参数设为

28.932，文中将参数设为22。

模型其他静态参数的设置，主要参考了蒋颖（2015）、孙宁华（2015）等的研究。模型全部静态参数如表6－1所示。

表6－1　　　　　　　　　　　**模型静态参数**

参数	校准值
居民消费贴现因子 β	0.985
居民闲暇比重 γ	0.400
环境污染给居民带来的负效用权重 τ	3.000
投资调整成本的变动程度 φ_1	8.000
资本折旧率 δ_K	0.120
中间品厂商研发资本折旧率 δ_{SRD}	0.150
中间产品之间的替代弹性 ρ	6.000
中间品厂商价格调整成本系数 φ_2	22.000

资料来源：作者根据相关文献测算。

反映模型动态特性的有关参数利用1992～2014年的年度数据来进行校准。数据来自《中国统计年鉴》（1993～2015）及《中国环境统计年鉴》（1993～2015）各期，采用国内生产总值代表 Y，资本存量 K 的测算参考了单豪杰（2008）的方法，R&D资本存量 SRD 的测算参考了吴延兵（2008）的方法，年末从业人员用 L 来表示，碳排放量 H 的测算利用中国1992～2014年能源消费标准量数据，环境治理投资 $HJZL$ 在1992～2000年期间数据来自董文福等（2008），2001～2014年来自《中国环境统计年鉴》，所有价值型数据使用第5章中的 $PGDP$ 缩减指数进行平减（1992＝100）。

ρ_{II} 和 σ_{II} 的校准参考华昱（2016）、易小丽（2014）的研究。易小丽（2014）利用1990～2011年的年度数据估计这两个参数分别为0.5400和0.0019。n_1 和 n_2 取值参考了武晓利（2017a），在此基础上利用样本数据估算出 n_3 和 n_4。参考杨翱和刘纪显（2014）的研究，ρ_{Ph} 和 σ_{Ph} 分别取值为0.465和2.688。借鉴徐舒等（2011）的做法，式（6.10）、式（6.13）以及随机冲击序列中部分可估计参数通过校准方法得到。张军等（2003）估算1992～

1998 年间我国劳动产出弹性为 0.391；资本的产出弹性，国内文献一般将其设为 0.33 ~ 0.5（杨翱和刘纪显，2014），进一步参考朱智洺和方培（2015）、孙宁华（2015）的生产函数的设定形式，将式（6.10）中 α_K、α_L 分别校准为 0.493 和 0.349。吴延兵（2008）在 C – D 生产函数框架下估算我国 R&D 存量的产出弹性为 0.1 ~ 0.3，本章取其平均值，故将 α_{SRD} 校准为 0.2。将 α_K、α_L、α_{SRD} 代入式（6.10），利用样本数据可计算出 $\ln(A_t)$ 序列，利用式（6.13）得到：

$$\ln(A_t) = 0.5484 + 0.7473 \times \ln(A_{(t-1)}) \tag{6.20}$$

$$(0.0728) \quad (0.003)$$

式（6.20）中，括号中的数据表示系数为 0 的概率，用于变量的显著性检验。由式（6.20）可知 $\rho_A = 0.7473$，由 EVIEWS 软件回归结果可得回归标准差即 $\sigma_A = 0.0505$。同理可得 ρ_{RRs} 和 ρ_{HJZL}，如表 6 – 2 所示。

表 6 – 2　　　　　　　　反映模型动态特性的有关参数

参数	校准值
n_1	0.1500
n_2	0.7377
n_3	− 0.0263
n_4	− 0.0962
ρ_A	0.7473
σ_A	0.0505
ρ_{II}	0.5400
σ_{II}	0.0019
ρ_{Ph}	0.4650
σ_{Ph}	2.6880
ρ_{RRs}	0.9905
σ_{RRs}	0.0492
ρ_{HJZL}	0.9845
σ_{HJZL}	0.1171
ρ_G	0.9838
σ_G	0.0357

资料来源：作者根据相关文献及样本数据测算。

6.4　动态效应与传导机制分析

由于模型涉及居民消费、投资、劳动供求、企业利润、研发资本存量、总产出等多个宏观经济变量以及技术进步冲击、专有技术投资冲击、碳税税率冲击、环境治理投资冲击、研发投资冲击、政府治污支出冲击等，模拟结果较多，所以下文仅对各类冲击对总产出、居民消费、研发资本存量、碳排放量、碳排放强度的动态效应及传导机制进行分析。

随机冲击对变量影响的动态效应主要是通过脉冲分析来完成的。脉冲响应分析有两个目的：一是考察随机冲击是否能够导致经济变量之间的共动性；二是揭示随机冲击导致的变量之间的影响机制（庄子罐等，2012）。图 6 - 1 ~ 图 6 - 6展示了各类随机冲击对主要宏观经济变量的动态影响，由图可知随机冲击能够导致经济变量之间的共动性[①]。

6.4.1　技术进步冲击

在受到一个标准差的技术进步冲击后（见图 6 - 1），居民消费 C、研发资本存量 SRD、总产出 Y 和碳排放量 H 相对于系统稳态值的偏离显现正向变动趋势[②]，二氧化碳排放强度 CO_2QD 显现负向变动趋势。居民消费在第 2 期达到正向峰值，达到 0.3165 个百分点。研发资本存量在第 4 期达到正向峰值，达到 0.2535 个百分点。总产出和碳排放量都在第 1 期达到正向峰值，分别为 0.2096 和 0.1546 个百分点。碳排放强度在第 1 期达到负向峰值 0.0550 个百分点。各变量在达到峰值以后逐步向稳态值接近。

分析模拟结果可知，当期技术进步促进企业产出增加，企业利润增加，引起居民消费水平增加。企业利润增加的同时引起企业研发投入增加导致研发资本存量增加。居民消费和技术进步最终导致总产出增加，碳排放量也增

[①]　图 6 - 1 ~图 6 - 6 中纵坐标表示变量相对于其稳态值的变化率而非绝对量，其单位为"%"，即一个百分点。变量稳态值是指随机冲击项取其均值（通常为零）时变量的取值，参考刘斌. 动态随机一般均衡模型及其应用 ［M］. 北京：中国金融出版社，2010。

[②]　由于模型求解采用线性对数的形式，所以变量值相对于稳态值的偏离，可以理解为其百分比变化率。参见刘斌. 动态随机一般均衡模型及其应用 ［M］. 北京：中国金融出版社，2010。

加。碳排放量的增加不及总产出的增加，因而引进碳排放强度下降。随着时间的推移，技术进步引起的总产出逐步下降，居民消费、研发资本存量、碳排放量也逐步下降向稳态接近，碳排放强度也呈下降趋势（相对于稳态）逐步向稳态接近。

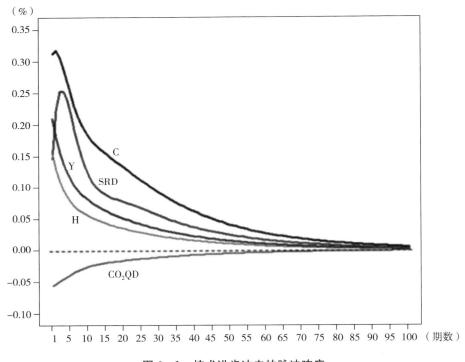

图 6 - 1　技术进步冲击的脉冲响应

6.4.2　专有技术投资冲击

在受到一个标准差的专有技术投资冲击①后（见图 6 - 2），居民消费 C 相对于系统稳态值的偏离显现正向的驼峰变动趋势，在第 10 期达到正向峰值，达到 0.0101 个百分点，其变动趋势与华昱（2016）研究结论相似。总产出 Y

---

① 专有技术投资所引起的技术进步的重要表现是设备投资价格的下降以及同时设备投资在经济总量中的比重上升，参见华昱. 设备投资专有技术冲击与宏观经济波动——基于贝叶斯估计的新凯恩斯动态随机一般均衡的研究 [J]. 产业经济研究，2016（6）：67 - 77。

相对于系统稳态值的偏离在第 1 期出现负值，随后上升，在第 6 期达到正向峰值，其值为 0.0043 个百分点，随后往稳态逐步下降。碳排放 H 变动也出现类似情形，在第 6 期达到正向峰值 0.0032 个百分点。研发资本存量 SRD 相对于系统稳态值的偏离情况比较复杂，在 6 期之前是负向变动，在第 2 期达到负向峰值 0.0043 个百分点，在 7 期以后呈驼峰形波动，在 14 期达到正向峰值 0.0054 个百分点后向稳态逐步下降。碳排放强度 CO_2QD 第 1 期正向变化，然后开始负向变化，在第 9 期达到 - 0.0011 个百分点，之后逐步向稳态接近。

　　分析模拟结果可知，当期设备投资增加需要一段时间才能转化为生产资本，所以当期设备投资增加以后总产出有个短暂的下降进而引起当期碳排放强度的增加。由于居民当期没有预期到设备投资增加，所以他们的当期消费仍然维持在比较高的水平。但随着时间的推移，设备投资转换为生产资本，

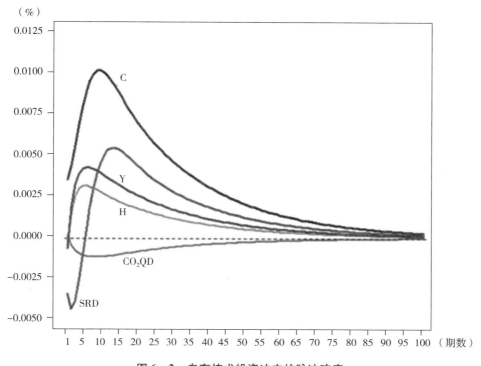

图 6 - 2　专有技术投资冲击的脉冲响应

增加了资本存量，增加了企业利润，因此后期居民消费呈增加趋势。随着总产出增加，碳排放量也显现增加趋势。进一步分析可知，短期内设备投资增加挤压了研发投资。长期来看，设备投资对研发投资的挤出效应逐步减弱，总产出的增加逐步引起研发资本存量大幅度的增加，从而引进碳排放强度显现下降趋势并逐渐趋近于稳态水平。

6.4.3 碳税税率冲击

在受到一个标准差的碳税税率冲击后（见图 6 - 3），居民消费 C、研发资本存量 SRD、总产出 Y 和碳排放量 H 相对于系统稳态值的偏离显现负向变动趋势，碳排放强度的变化率显现正向变动趋势。征收碳税将影响企业研发，结论与杨翱和刘纪显（2014）基本类似。居民消费在第 3 期达到负向峰值，达到 0.01160 个百分点。研发资本存量在第 4 期达到负向峰值，达到 0.0140 个百分点。总产出和碳排放量都在第 1 期达到负向峰值，分别为 0.0148 和 0.0110 个百分点。碳排放强度 CO_2QD 在第 1 期达到正向峰值 0.0039 个百分点。各变量在达到峰值以后逐步向稳态值接近。

分析模拟结果可知，当期碳税税率冲击较大地减少了企业利润，引起居民收入降低，导致居民消费降低。企业利润降低引起居民收入下降，从而引起居民投资减少，投资下降进而影响资本存量减少，企业产出也相应减少。由于研发资本存量减少的幅度大于总产出的幅度，引起碳排放量的变化率大于总产出的变动，进而引进碳排放强度的正向变动，但碳排放强度也显现下降趋势。

6.4.4 环境治理投资冲击

在受到一个标准差的环境治理投资冲击后（见图 6 - 4），居民消费 C 相对于系统稳态值的偏离显现负向变动到正向变动然后接近稳态的趋势，居民消费在第 1 期达到负向峰值，达到 0.0085 个百分点，在第 46 期达到正向峰值 0.0320 个百分点。研发资本存量 SRD、总产出 Y 相对于系统稳态值的偏离显现正向变动达到峰值并逐步接近稳态的趋势，研发资本存量在第 2 期达到正向峰值 0.0080 个百分点，总产出在第 36 期达到正向峰值 0.0176

个百分点。碳排放 H 及碳排放强度 CO₂QD 相对于系统稳态值的偏离显现负
向增加趋势。

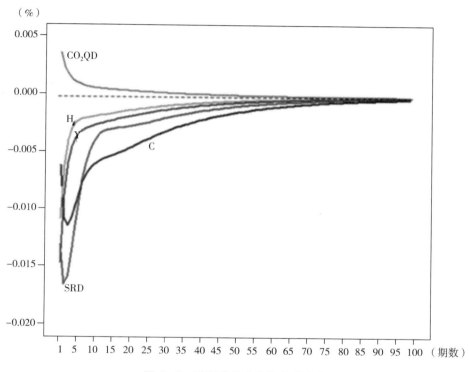

（％）

图 6-3　碳税税率冲击的脉冲响应

　　分析模拟结果可知，当期环境治理投资的增加，意味着当期居民定量税
增加（图 6-4 中没有表示出来），当期居民可支配收入下降引起当期居民消
费下降。由于资本生产的惯性，企业当期产出、研发投入未受影响，因此总
产出、研发资本存量仍保持较高水平。当期环境治理投资的增加直接引起当
期碳排放量减少进而引起碳排放强度下降。随着时间的推移，环境治理投资
对碳排放量的抑制作用益发明显，企业碳税减少，企业利润增加，居民收入
增加，引进后期居民消费、总产出、研发资本存量的增加。

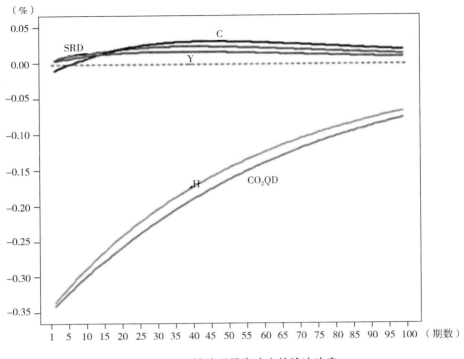

图 6 - 4　环境治理投资冲击的脉冲响应

6.4.5　研发投入冲击

在受到一个标准差的研发投入冲击后（见图 6 - 5），居民消费 C、研发资本存量 SRD、总产出 Y、碳排放量 H 相对于系统稳态值的偏离均显现正向驼峰型变动趋势，碳排放强度 CO_2QD 相对于系统稳态值的偏离显现负向变动趋势。居民消费在第 1 期偏离稳态 - 0. 0171 个百分点，居民消费在第 42 期达到正向峰值，达到 0. 1594 个百分点。研发资本存量在第 28 期达到正向峰值，达到 0. 2197 个百分点。总产出在第 46 期达到正向峰值，达到 0. 0502 个百分点。碳排放强度在第 42 期达到负向峰值 0. 0186 个百分点。各变量在达到峰值以后逐步向稳态值接近。

分析模拟结果可知，当期研发投入增加引起研发资本存量的增加，进一步引进总产出的增加，总产出增加以后碳排放量也增加，但碳排放量增加不及总产出增加，所以碳排放强度下降。当期研发投入增加以后，当期企业利润减少，居民可支配收入相应减少，所以当期居民消费减少。随着时间的推移，研发投入的产出效应越来越明显，引起总产出水平、居民消费、碳排放量的增加及碳排放强度的下降。这一模拟结果与 5.4.1 小节模拟结果基本相似。

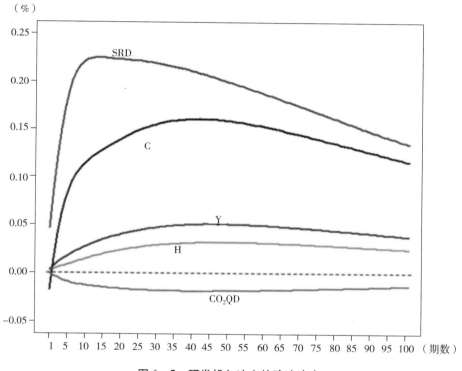

图 6 - 5　研发投入冲击的脉冲响应

6.4.6　政府治污支出冲击

在受到一个标准差的政府治污支出冲击后（见图 6 - 6），研发资本存量 SRD、总产出 Y、碳排放量 H 相对于系统稳态值的偏离均显现正向的变动趋势，碳排放强度 CO_2QD 相对于系统稳态值的偏离显现负向到正向然后逐步接近稳态的变动趋势。居民消费相对于系统稳态值的偏离显现负向变动趋势。

分析模拟结果可知，企业当期未预期到政府支出增加，企业生产未受影响，因此总产出和研发资本存量维持在较高水平上。当期总产出增加、政府治污支出增加，引起企业当期碳排放量的增加量比较小，碳排放强度因此偏离稳态显现负向趋势。当期政府治污支出增加对居民消费造成了较大挤出，居民消费变动在第1期达到负向峰值0.2221个百分点。由于居民消费减少幅度过大造成总需求的减少，因此随着时间的推移，总产出显现下降趋势，研发资本存量也随之显现下降趋势。政府治污支出增加、研发资本存量增量较小，二者最终引起碳排放量在第2期增加到正向峰值。由于产出变动幅度不大，引进碳排放强度在第2期也达到其正向峰值。从第3期开始，各变量显现常规的合理变动趋势。总体来看，政府治污支出增加挤出了居民消费，同时会引起碳排放强度下降。

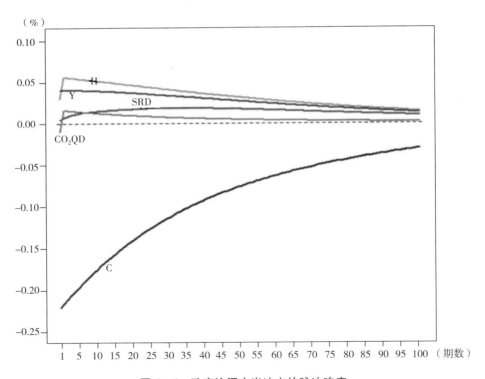

图6-6 政府治污支出冲击的脉冲响应

6.5　方差分析

以上分析了各类随机冲击对主要宏观经济变量的动态效应及影响机制。为了进一步考察各类冲击对宏观经济变量波动的影响程度，表 6 - 3 列出了方差分析的结果。以表 6 - 3 中数据第一行为例，对于居民消费的波动，技术进步冲击能够解释53.05%，政府支出冲击能够解释40.93%，其他冲击的影响均比较小。通过分析可以发现，环境治理投资冲击对碳排放及碳排放强度波动的影响比较大，分别达到72.99%和99.34%。

表 6 - 3			方差分析			单位:%
变量	σ_A	σ_{II}	σ_{Ph}	σ_G	σ_{RRs}	σ_{IHYJZL}
C	0.5305	0.0003	0.0369	0.4093	0.0135	0.0095
CO_2QD	0.0003	0.0000	0.0001	0.0061	0.0001	0.9934
H	0.2120	0.0001	0.0467	0.0111	0.0001	0.7299
SRD	0.6654	0.0010	0.1591	0.0003	0.1660	0.0083
Y	0.7195	0.0004	0.1563	0.1037	0.0005	0.0197

资料来源：作者测算。

6.6　本章小结

本章将技术创新（R&D 投入）、碳税税率等因素纳入包括居民、企业和政府三个部门的动态随机一般均衡模型中，通过脉冲响应和方差分析可以得到如下结论：

第一，技术进步、研发投入、专有技术投资、环境治理投资可以有效地降低碳排放强度，总体上可以实现经济增长与环境改善的双赢目标。比较四类冲击对总产值正向峰值和碳排放强度负向峰值的影响可知，技术进步对其作用最大，环境治理投资其次，研发投入再次，投资专有技术排在最后。碳税税率冲击对总产出的负向影响特别明显，环境治理投资的后期正向效应比较明显，政府治污支出的当期效果比较明显。同时发现，设备投资短期将会挤出研发投资，政府治污支出将挤出居民消费。

第二，总体来看，专有技术投资冲击对碳排放、碳排放强度波动贡献最小，环境治理投资冲击对碳排放、碳排放强度波动的影响比较大。随机冲击对碳排放波动贡献大小排序为：环境治理投资冲击、技术进步冲击、碳税税率冲击、政府支出冲击、研发投入和专有技术投资冲击。随机冲击对碳排放强度波动贡献大小排序为：环境治理投资冲击、政府支出冲击、技术进步冲击、研发和碳税税率冲击。

比较而言，当前中国经济要实现绿色低碳发展，加强环境治理投资、促进技术进步、加大研发投入、加强专有设备更新投资仍然是比较重要的政策选择。

第7章　主要结论、建议及研究展望

7.1　主要研究结论与建议

本书根据前人相关研究，利用空间统计、空间面板、区域—宏观计量经济模型及 DSGE 模型等方法，研究了中国区域技术创新碳减排效应问题、碳减排目标可达性等问题，主要得出如下结论：

第一，中国区域技术创新能力存在明显不均衡现象。技术创新能力水平高的省区市大多都分布在东部沿海地区如北京、天津、上海、江苏、浙江等地区，西部地区技术创新能力水平较低；中国区域技术创新专利授权量存在空间差异性，区域技术创新能力的空间差异性主要来自非相邻省域间的技术创新能力的差距，并且非相邻区域基尼系数的贡献率都在 90% 以上且有小幅上升的趋势；中国区域技术创新存在着条件收敛或条件门槛收敛特性，区域科技投入强度对其有重要影响；区域研发投入的创新产出效应存在滞后现象，区域研发投入不仅对本地区的创新产出有显著正向影响，也对周边地区的创新产出有正向影响，但研发人员投入的创新产出效应还未充分体现出来。

第二，中国区域碳排放强度存在明显不均衡现象。区域碳排放强度呈现出西部地区偏高，东部地区偏低的分布特征。中国区域碳排放强度的空间差异主要来源于非相邻区域，其贡献率大体上呈现出上升的趋势，到 2014 年非相邻区域对空间差异的贡献率达到了 82.01%，相邻区域对其贡献率在逐年下降；中国区域碳排放强度、人口、地区生产总值、能源消费结构、产业结构以及专利存量存在长期协整关系。产业结构、人口、能源消费结构的直接效应为正，而经济增长与专利存量对碳排放强度有直接抑制作用；中国区域碳排放 EKC 曲线存在明显的双门槛收入效应，按 1997 年不变价计算，人均 GDP 的门槛值分别是 6867 元和 24081 元。在高、中、低收入三个区域，EKC 曲线形成内在机制各不相同，在中、低收入区域，规模效应、技术效应和结构效应对区域碳排放均有显著正向影响；在高收入区域，结构效应影响不明显。

第三，东、中、西部三大区域研发投入同等幅度的增加对二氧化碳及其强度的影响方向均为一致，都会抑制二氧化碳排放量和二氧化碳强度的上升；三大区域研发投入增加对二氧化碳排放的影响程度由大到小呈现东西中的排列情况，对二氧化碳强度的影响程度由大到小呈现西、东、中的排列情况；三大区域研发投入的增加对其他经济和环境变量的影响关系基本一致，均表现为促进经济增长，降低单位 GDP 能源消耗，抑制工业废水排放，但对工业固体废物和工业二氧化硫的抑制作用在后期才得以体现。

第四，要实现巴黎世界气候大会上我国政府承诺的二氧化碳减排目标，相关单项政策的变动趋势分别为：环境污染治理投资额相对基准情景高出 23%～31%；资源税相对于基准情景呈先降低后增加的趋势，2028～2030 年年均增加 1.22%～1.61%；消费税相对基准情景呈现先增加后降低的趋势，2015～2020 年均增加 15.22%～20.32%；排污费则呈现先降低后增加的趋势，2028～2030 年年均增加 0.47%～0.62%；能源价格相对于基准情景，年均增长率在 3.45%～4.52%。

第五，以巴黎世界气候大会上我国政府承诺的单位 GDP 二氧化碳排放减排下限值 60% 为参考标准，未来我国碳减排政策优化组合的重点为：区域研发投入年均增长 20%，全国环境污染治理投资年均增长 20%，全国资源税年均增长 20%，全国消费税年均增长 15%，全国排污费年均增长 10%，全国能源价格年均上升 10%，全国能源结构年均下降 2%。

第六，技术进步、研发投入和政府支出可以有效地降低碳排放强度。专有技术投资对碳排放强度的影响存在短期、长期效应，短期不利于碳减排，但从长期来看有利于碳排放强度的下降。环境治理投资能够实现碳排放和碳排放强度双重下降的目标，但需要付出经济总量减少的成本。碳税税率的实施虽然能够引起碳排放强度的下降，但同样要付出经济增长成本，企业研发投入也将受到影响；专有技术投资对各主要经济变量的波动贡献最小，环境治理投资冲击对碳排放及碳排放强度波动的影响比较大。总体来看，当前中国经济要实现绿色低碳发展，加强环境治理投资、促进技术进步、加大研发投入仍然是比较重要的政策选择。

上述相关研究结论，对于我国区域技术创新、区域碳减排政策的完善具有重要启示作用，结合课题阶段研究成果，提出如下政策建议：

第一，建立并完善区域性技术创新协调机制，实现创新资源梯度有效配置。研究表明，区域经济收敛需要区域技术创新能力收敛。因此，梯度性地加大区域技术创新投入，对于逐步缩小我国区域经济发展差距是十分必要的。要充分落实《"十三五"国家科技创新规划》中的"完善区域协同创新机制"总体部署要求，国家在技术创新资源的宏观配置方面要体现梯度性。各区域要在国家有关部门的统一领导下，协调各区域科技创新规划重点，各地区科技管理部门要加强对区内产业创新联盟的指导，发挥纽带作用，不同地区产业创新联盟要加强创新领域的协调交流，实现创新资源有效配置。当前，应加强对低强度人力资本区域的创新人才倾斜政策或补偿政策，加速其技术创新人力资本积累。

第二，建立并完善区域性环境治理协调机制，形成"共同但有差别"环境治理格局。研究表明，我国碳强度存在显著的聚集性，因此国家制定碳减排政策要正视区域碳排放的空间聚集特性，充分考虑区域环境管制的空间溢出效应，宏观减排政策要考虑到区域特征，体现"共同但有差别"的原则[①]。各区域在制定碳减排计划和政策时，应通过区域性环境治理协调机制，应该加强区域之间的合作与交流，突破环境问题的行政区划限制，实现协作发展，共同治理；合理使用环境规制工具，落实环境污染行为的处罚措施；政府和企业要积极探索更为绿色化和循环化的工业发展模式，虽然我国目前的经济发展仍然离不开高能耗产业，但是绿色循环的发展模式可以提高能源利用率，使在不增加能源消耗的情况下提高产能；科学技术也是降低碳强度的有效手段，技术进步不仅有利于提高能源消耗率，而且能够加速转变能源消耗结构，促进清洁能源的广泛应用。

---

① 如国家正在推行的"河长制"，对于协调解决河流污染问题具有重要意义，但需建立流域性的河流治污协调机制。

第三，强化技术创新人力财力投入，支持低碳技术发展。中国降低二氧化碳排放，实现 2020 年及 2030 年温室气体减排目标，就必须要进一步加强技术创新方面的人力财力投入，完善低碳技术创新投入政策体系，增加 R&D 特别是 R&D 活动中有关低碳技术方面的投入，积极推进低碳技术的发展，推动重点行业低碳技术创新及产业化。由于 R&D 活动中低碳技术投入具有较大的外部性，政府必须加大碳减排方面技术创新的支持与引导，发挥技术创新促进碳减排的引领作用。同时，在中国实现碳减排目标过程中，政府还要积极加大科技人才队伍建设。

第四，完善现有碳减排政策体系，发挥减排政策组合优化效应。一是要继续增加技术创新投入，加快技术创新成果的产出和应用，尤其要注重与改善大气环境相关的先进技术的运用。未来在科技创新方面应当进一步提高科技产出效率，加快科技成果尤其是生产工艺绿色化的新技术的产业化运用，变投资驱动发展为创新驱动发展，推动产业的绿色化进程，降低能源消耗，有效控制二氧化碳排放。二是要逐步缩小传统能源的生产生活运用范围，鼓励新能源的开发与推广。在能源政策方面应当逐步缩小传统能源的运用范围，推动能源改革，扩大新能源的使用面，优化能源结构。一方面逐步提高传统能源资源的价格，增加企业传统能源消耗成本，倒逼企业选择"成本小、污染少、效益高"的新能源。另一方面，政府应当积极推动城市生活能源改革，促进生活能源消耗向清洁化方向转变，不仅可以降低企业的减排压力，还能达到控制二氧化碳排放的目的。三是源头管理与末端治理并行，继续加强环境污染管制水平，继续提高环保督察力度。多年来"三高一低"的发展方式支撑起了国家经济，使许多企业也形成了以污染促发展的畸形发展惯性。为了改变当下企业的粗放发展模式，不仅需要企业内部的改革，也需要外部的倒逼压力。因此，一方面，企业自身可以引进先进的治污技术，研发清洁化的生产工艺，提高污染物控制水平。另一方面，地方环境监管部门也要加强污染监管力度，健全污染惩罚制度，惩罚型机制与激励型机制共同发力，确保企业污染情况保持在红线范围之内。

第五，在区域碳减排方面，研究报告认为：

（1）对于老工业基地减排而言，要进一步引进先进的生产技术和高效节能设备，加大对旧设备的更新与改造，加快产业转型升级，进一步发挥科技创新的支撑作用，提升传统产业，发展战略性新兴产业，推进工业化和信息化融合发展。要加大行业结构调整力度，积极支持能源强度低的行业发展，如仪器仪表及文化办公用机械制造业等，进一步控制能源强度高的行业，如化学纤维制造业等。要进一步优化能源消费结构，在现有基础上逐步建立煤炭略有增长、石油平稳增长、天然气快速增长、非化石能源大幅增长的能源消费模式。

（2）对于区域制造业减排而言，适度控制制造业的产业规模，转变制造业的增长模式是降低碳排放的主要途径。化学原料及制品制造业、非金属矿物制造业、黑色金属冶炼及压延加工业、交通运输设备制造业、有色金属冶炼及压延加工业、造纸及纸质品业等高排放行业应缩小产业规模；要优化行业能源结构，转变传统的以煤炭作为主要能源的生产方式，开发清洁能源技术，逐步增加新能源在制造业中使用的比例，重点转变黑色金属冶炼及压延加工、化学原料及制品制造业以及非金属矿物制造品业的能源结构。

（3）对于区域绿色发展重点而言，区域政府在推动本地区经济发展过程中，要积极鼓励发展循环产业和生态产业，给予相关产业一定的财政支持和生态补助，促使形成系统的生态产业链，推动产业转型升级。东部作为发达地区应继续提高环境规制力度，制定更加严格的环境标准，淘汰低产能、高耗能企业，加快市场激励型规制的广泛应用，加大对企业技术改进的资金支持，完善污染物排放外部性的内化措施，倒逼企业进行污染减排；后发地区如中部、西部地区不能盲目承接东部地区高污染高耗能的落后产业，应积极提高转移产业的技术水平，实现"转移 + 创新"、经济与环境共赢。东北地区要适当提高城市化水平；北部沿海地区、东部沿海地区、西南地区、西北地区要适当控制人口数量；黄河中游地区要适当降低二产比重，减缓城市化水平。长江经济带作为我国一个主要的经济增长和能源消耗区，一方面，各省区市要根据自身的发展情况来制定适度的环境规制，夯实环保法律和技术基础，提高经济制度和公众监督在环保工作中的地位，迫使"末端治理"向"源头保护"转变。另一方面，要充分利用区内的资源优势，勘探开发更为环保有效的清洁能源，如页岩气、地热能等，坚持开发与保护并重，提高能源利用率，降低碳排放。

（4）对区域引进外商直接投资而言，外资吸引力较强的东部地区要严格控制外商直接投资的质量，有选择地引进环境友好型外商直接投资；外资吸引力较弱的中部、西部地区要完善引入政策，学习国外先进的管理模式和生产技术，决不能因为保经济而放弃生态红线。在引进外资时，要优化产业结构，将外资应用到低能耗高效率的行业以及技术密集型项目，减少高碳产品的生产。在引进外商直接投资的同时，应积极培育高新技术产业、加快发展服务产业，为更多的外商直接投资流入到低能耗的行业中创造市场环境。应有选择地引进外资企业，对进入服务业等第三产业的外资企业给予相应的优惠政策，以此来推动我国产业结构的转型以及吸引更多的外资企业进入低能耗产业。

7.2 研究不足及未来展望

区域技术创新碳减排效应问题是一个涉及社会技术系统、环境生态系统、宏观经济系统的复杂课题，本书通过研究得出了一些有益结论，但本书研究仍存在有待进一步深入的地方。

第一，在研究中国区域技术创新活动与国家宏观经济活动相联系的渠道上，区域层面知识积累考虑的指标是区域专利数量，国家层面知识积累考虑的是专利存量。这一处理方法虽然简单，但专利存量表示知识积累存在局限，因为专利不能反映技术创新活动的全部成果。如何用更完善的指标来表示技术创新的成果，如何用更完善的指标来表示国家（区域）技术创新引起的知识积累，仍是一个值得进一步研究的问题。

第二，在研究中国区域技术创新碳减排效应时，建立了区域—宏观计量经济模型，这一模型更多的是从数据统计的角度来建立的，区域经济活动对宏观经济影响的传导机制仍值得从经济理论的角度进行挖掘。同时，从区域角度探讨宏观碳减排也仅涉及区域技术创新投入这个要素，区域层面更多的减排政策的宏观减排效应的研究还值得进一步探索。

第三，研究建立的 DSGE 模型是从宏观层面对技术创新、碳税、碳减排效应的传导机制的初步分析，尚未涉及区域层面。国外已经出现了一国多区域的 DSGE 模型［如塔姆加瓦（Tamegawa），2012］，在这一框架下，区域活动的影响关系，技术创新、环境政策的减排效应传导机制，低碳技术创新企业和非低碳技术创新企业之间的影响关系等问题，更值得进一步深入研究。

附录：程序代码

1. 第 3 章空间杜宾模型区间外预测 STATA 程序

```
//原始样本数据，参数估计
use "区域技术创新 20002014. dta", clear  //读入样本数据
recast double  rrd2 patsq egdp ep fz fm rdl
xtset id year
spmat use w30 using w30_ 01. spmat, replace  //读入空间权重矩阵
gene lnrrd2 = ln（rrd2）
gene lnpatsq = ln（patsq）
gene lnegdp = ln（egdp）
gene lnep = ln（ep）
gene lnfz = ln（fz）
gene lnfm = ln（fm）
gene lnrdl = ln（rdl）
recast double  lnrrd2  lnpatsq  lnegdp  lnep  lnfz  lnfm  lnrdl
xsmle  lnpatsq  lnrrd2  lnfz lnep lnegdp , re  model（sdm）  wmat
（w30）durbin（ lnfm  lnrdl  lnfz  lnegdp） hausman effect  //空间杜
宾回归


//预测样本
clear
use "区域技术创新 20152030_ 1. dta", clear  //读入 2015 – 2030 样本
```

146

recast double　rrd2　patsq　egdp　ep　fz　fm　rdl

xtset id year

gene lnrrd2 = ln（rrd2）

gene lnpatsq = ln（patsq）

gene lnegdp = ln（egdp）

gene lnep = ln（ep）

gene lnfz = ln（fz）

gene lnfm = ln（fm）

gene lnrdl = ln（rdl）

recast double　lnrrd2　lnpatsq　lnegdp　lnep　lnfz　lnfm　lnrdl

predict lnpatsqf，naive

recast double　lnpatsqf

gene patsqf = exp（lnpatsqf）

recast double　patsqf

//这个地方数据显示格式 cformat（%9.0f）非常重要，不要用科学计数法。否则拷贝出来以后数据误差较大。

total patsqf，over（year）　　cformat（%9.0f）

2. 以下 R 程序用于表示第 6 章建立的 DSGE 模型[①]

```
options
{
    output logfile = TRUE;
    output LaTeX = TRUE;
    output LaTeX landscape = TRUE;
};


tryreduce
```

① DSGE 模型求解、模拟使用了 R 软件的 gEon 程序包，参见 http：//gecon. r – forge. r – project. org/index. html。

```
    {
      Ld [ ], Kd [ ], P_ FIN [ ], Y_ MON [ ], Y_ FIN [ ];
    } ;


block CONSUMER
    {
        definitions
    {        u [ ]  = gamma * log ( C [ ] )  + ( 1 - gamma )  * log ( 1 - Ls
[ ] )  - tau * log ( H [ ] );
        } ;
        controls
        {
          C [ ], I [ ], Ls [ ], Ks [ ];
        } ;
        objective
        {
          U [ ]  = u [ ]  + beta * E [ ] [U [1]]: lambda_ U [ ];
        } ;
        constraints
        {
      P_ FIN [ ]  * C [ ]  + P_ FIN [ ]  * I [ ]  = W [ ]  * Ls [ ]  + R [ ]
* Ks [ - 1 ]  + pi [ ]  + pi_ ps [ ]  - T [ ]: lambda_ c [ ];
          Ks [ ]  = ( 1 - delta )  * Ks [ - 1 ]  + II [ ]  * I [ ]  * ( 1 -
( psi1/2 )  * ( I [ ] /I [ - 1 ]  - 1 )  ^2 );
        } ;
        calibration
        {
          gamma = 0. 4 ;
          delta = 0. 12 ;
```

```
        beta = 0. 985 ;
        tau = 3 ;
        psi1 = 8 ;
    | ;
  | ;


  block INTERMEDIATE_ FIRM
  |
      controls
      |
        Ld [ ] , Kd [ ] , Y [ ] , pi [ ] , H [ ] , SRD [ ] , RD [ ] ;
      | ;
      objective
      |
       PI [ ] = pi [ ] + E [ ]  [ lambda_ U [ 1 ]  * lambda_ c [ 1 ]  *
PI [ 1 ] / lambda_ c [ ] ] ;
      |
      constraints
      |
        pi [ ] = P [ ] * Y [ ] – R [ ]  * Kd [ ]  – W [ ]  * Ld [ ]  –
Ph [ ]  * H [ ]  – RD [ ] ;
        Y [ ]  = A [ ]  * Kd [ ]  ^alphaK * Ld [ ]  ^alphaL * SRD [ – 1 ]
^alphaSRD ;
        H [ ]  = n1 * Y [ ]  ^n2 * SRD [ – 1 ]  ^n3 *  ( 1/  ( IHJZL [ ]  *
HJZL [ – 1 ]  ^n4 ) ) ;% H 表示碳排放量，SRD 表示研发存量，Ph 表示碳税。
        SRD [ ]  =  ( 1 – deltasrd )  * SRD [ – 1 ]  + RRs [ ]  * RD [ ] ;
      | ;
      calibration
      |
```

```
            alphaK = 0. 493;
            alphaL = 0. 349;
            alphaSRD = 0. 2;
            n1 = 0. 15;
    n2 = 0. 7377;
    n3 = - 0. 0263;
    n4 = - 0. 0962;
    deltasrd = 0. 15;
        };
};


block PRICE_ SETTING
    {
        controls
        {
            pi_ ps [], P_ MON [], Y_ MON [];
        };
        objective
        {
        PI_ PS [] = pi_ ps [] + E [] [lambda_ U [1] * lambda_ c
[1] * PI_ PS [1] /lambda_ c []];
        };
        constraints
        {
            pi_ ps [] = (P_ MON [] - P []) * Y_ MON [] - (phi2/2)
* (P_ MON [] / (ppi [] ^alphappi
    * ppi [ss] ^alphappi * P_ MON [ -1]) -1) ^2 * Y_ FIN [] * P_
FIN [];
            Y_ MON [] = Y_ FIN [] * (P_ MON [] / P_ FIN []) ^
( -rho);
```

150

```
    };
identities
    {
        ppi [ ]  = P [ ] /P [ -1 ] ;
        CO₂QD [ ]  = H [ ] /Y [ ];
    };
    calibration
    {
        rho  = 6;
        phi2 = 22;
        alphappi = 0;
    };
};


block FINAL_ FIRM
{
    identities
    {
        Y_ FIN [ ] = Y_ MON [ ];
    };
};


block EQUILIBRIUM
{
    identities
    {
        Ld [ ]  = Ls [ ];
        Kd [ ]  = Ks [ -1 ];
        P_ FIN [ ]  = 1;
```

```
        Y_ MON [] = Y [];

    };
};


block GOVERMENT
{
    identities
        {
        T [] + Ph [] * H [] = P_ FIN [] * G [];
        HJZL [] = n5 * G [] ^n6;
        };
        calibration
        {

n5 = 0. 0009;
n6 = 1. 4760;


        };
};


block EXOG
{
    identities
    {
        log (A []) = rhoA * log (A [ -1]) + epsilon_ A [];
        log (II []) = rhoII * log (II [ -1]) + epsilon_ II [];
        log (Ph []) = rhoPh * log (Ph [ -1]) + epsilon_ Ph [];
        log (G []) = rhoG * log (G [ -1]) + epsilon_ G [];
```

log（RRs［］）=rhoRRs * log（RRs［-1]）+ epsilon_ RRs［］；

log（IHJZL［］）= rhoIHJZL * log（IHJZL［-1]）+ epsilon_

IHJZL［］；

｝；

shocks

｛

epsilon_ II［］，epsilon_ Ph［］，epsilon_ A［］，epsilon_ G［］，epsilon

_ RRs［］，epsilon_ IHJZL［］；

｝；

calibration

｛

rhoA = 0.7473；

rhoII = 0.5400；

rhoPh = 0.4650；

rhoG = 0.9838；

rhoRRs = 0.9905；

rhoIHJZL = 0.9845；

｝；

｝；

3. 以下 R 程序用于求解第 6 章模型，进行脉冲响应函数分析和方差分
解等

rm（list = ls（））

library（gEcon）

dsge < - make_ model("ch6_ dsge_ zb. gcn")

dsge < - steady_ state（dsge）

get_ ss_ values（dsge）

get_ par_ values （dsge）

dsge < − solve_ pert （dsge）

get_ pert_ solution （dsge）

dsge < − set_ shock_ cov_ mat （model = dsge, shock_ matrix = matrix （

c （0. 0505, 0, 0, 0, 0, 0,

0, 0. 0019, 0, 0, 0, 0,

0, 0, 2. 688, 0, 0, 0,

0, 0, 0, 0. 0357, 0, 0,

0, 0, 0, 0, 0. 0492, 0, 0, 0, 0, 0, 0, 0. 1171）, 6, 6）, shock_ order = c （'epsilon_ A','epsilon_ II','epsilon_ Ph','epsilon_ G','epsilon_ RRs','epsilon_ IHJZL'））

dsge < − compute_ moments （model = dsge, ref_ var = 'Y', n_ leadlags = 20）

dsge < − compute_ moments （model = dsge, n_ leadlags = 20）

get_ moments （dsge）

get_ moments （dsge, relative_ to = TRUE）

dsge_ irf < − compute_ irf （model = dsge, shock_ list = 'epsilon_ A', var_ list = c （'Y','H','CO2QD'）, path_ length = 100）

dsge_ irf < − compute_ irf （model = dsge, shock_ list = 'epsilon_ A', var_ list = c （'Y','CO2QD','H'）, path_ length = 100）

dsge_ irf < − compute_ irf （model = dsge, shock_ list = 'epsilon_ A', var_ list = c （'I','C'）, path_ length = 100）

dsge_ irf < − compute_ irf （model = dsge, shock_ list = 'epsilon_ II', var_ list = c （'Y','SRD','H'）, path_ length = 100）

dsge_ irf < − compute_ irf （model = dsge, shock_ list = 'epsilon_ II', var_ list = c （'I','C'）, path_ length = 100, cholesky = TRUE）

dsge_ irf < − compute_ irf （model = dsge, shock_ list = 'epsilon_ Ph', var_ list = c （'Y','SRD','H'）, path_ length = 100）

```
dsge_ irf < - compute_ irf ( model = dsge, shock_ list = 'epsilon_ Ph',
var_ list = c ('I','C'), path_ length = 100)
     dsge_ irf < - compute_ irf ( model = dsge, shock_ list = 'epsilon_ G',
var_ list = c ('Y','SRD','H'), path_ length = 100)
     dsge_ irf < - compute_ irf ( model = dsge, shock_ list = 'epsilon_ RRs',
var_ list = c ('Y','SRD','H'), path_ length = 100)
     dsge_ irf < - compute_ irf ( model = dsge, shock_ list = 'epsilon_ IHJZL',
var_ list = c ('Y','SRD','H'), path_ length = 100)
     plot_ simulation ( dsge_ irf)
     plot_ simulation ( dsge_ irf, to_ eps = TRUE)
     set. seed (1000)
     dsge_ irf < - random_ path ( dsge, shock_ list = 'epsilon_ A', path_
length = 100, var_ list = c ('Y','H','CO2QD'))
     plot_ simulation ( dsge_ irf)
     get_ simulation_ results ( dsge_ irf)
     print ( dsge)
     summary ( dsge_ irf)
     show ( dsge)
```

参考文献

［1］白俊红，江可申，李婧，李佳．区域创新效率的环境影响因素分析——基于 DEA Tobit 两步法的实证检验［J］．研究与发展管理，2009（2）：96－102.

［2］卞家涛，余珊萍．碳减排问题研究综述与展望［J］．华南理工大学学报（社会科学版），2011（5）：1－6.

［3］蔡文娟．劳动调整成本、货币政策与中国经济波动［D］．武汉：华中师范大学，2016.

［4］曹东坡．FDI 促进了中国区域创新的俱乐部收敛吗？［J］．中国科技论坛，2013（6）：33－38.

［5］曹洪刚，陈凯，佟昕．中国省域碳排放的空间溢出与影响因素研究——基于空间面板数据模型［J］．东北大学学报（社会科学版），2015（6）：573－578，586.

［6］柴泽阳，孙建．中国区域环境规制"绿色悖论"研究——基于空间面板杜宾模型［J］．重庆工商大学学报（社会科学版），2016（6）：33－41.

［7］柴泽阳，杨金刚，孙建．产业结构对能源消费的环境门槛效应——基于长江经济带的实证分析［J］．广西社会科学，2016a（9）：81－86.

［8］柴泽阳，杨金刚，孙建．环境规制对碳排放的门槛效应研究［J］．资源开发与市场，2016b（9）：1057－1063.

［9］柴泽阳，杨金刚，孙建．中国区域碳强度时空演变与影响因素分析［J］．科技管理研究，2017（4）：260－266.

［10］陈劲，赵闯，贾筱，梅亮．重构企业技术创新能力评价体系：从知识管理到价值创造［J］．技术经济，2017（9）：1－8，30.

［11］陈然．基于 RICE 模型的区域二氧化碳排放路径研究［D］．南京：南京航空航天大学，2015.

［12］陈向东，王磊．基于专利指标的中国区域创新的俱乐部收敛特征研究［J］．中国软科学，2007（10）：76－85.

［13］陈玉凤．专利权与企业技术创新的研究［J］．商业研究，2005（4）：31－33.

［14］崔珊．我国八大经济区创新效率变动趋势实证研究与对策分析［D］．首都经济贸易大学，2012.

［15］单豪杰．中国资本存量 K 的再估算：1952～2006 年［J］．数量经济技术经济研究，2008（10）：17－31.

［16］邓明，钱争鸣．我国省际知识存量、知识生产与知识的空间溢出［J］．数量经济技术经济研究，2009（5）：42－53.

［17］邓细林．云南省能源 CGE 模型的节能政策研究［D］．昆明：云南财经大学，2012.

［18］董文福，傅德黔，努丽亚．我国环境污染治理投资的发展及存在问题［J］．中国环境监测，2008（4）：87－89.

［19］都斌，余官胜．对外直接投资对我国环境污染的影响［J］．环境经济研究，2016（2）：25－35.

［20］杜鹏程，孔德玲．泛长三角区域创新能力比较与创新体系构建［J］．安徽大学学报（哲学社会科学版），2009（5）：139－145.

［21］杜伟．关于技术创新内涵的研究述评［J］．西南民族大学学报（人文社科版），2004，25（2）：257－259.

［22］杜伟，杨志江，夏国平．人力资本推动经济增长的作用机制研究［J］．中国软科学，2014（8）：173－183.

［23］方旋，刘春仁，邹珊刚．对区域科技创新理论的探讨［J］．华南理工大学学报（自然科学版），2009（9）：1－7.

［24］冯颖，李晓宁，屈国俊，徐梅．中国水环境污染与经济增长关系研究［J］．西北农林科技大学学报（社会科学版），2017（6）：66－74.

［25］冯贞柏．出口依赖型进口、资本利率刚性与出口影响经济增长的效

率分析 [J]. 中国软科学, 2013 (9): 179 – 186.

[26] 冯之浚. 国家创新系统的理论与政策 [M]. 北京: 经济科学出版社, 1999.

[27] 付辉辉. 知识产权保护环境下我国区域技术创新能力的差异研究 [D]. 西北农林科技大学, 2008.

[28] 付云鹏, 马树才, 宋琪. 中国区域碳排放强度的空间计量分析 [J]. 统计研究, 2015 (6): 67 – 73.

[29] 傅家骥. 技术经济学 [M]. 北京: 清华大学出版社, 1998.

[30] 高超平, 刘纪显, 赖小东. 基于 DSGE 模型的碳交易管理制度研究 [J]. 科技与经济, 2017 (2): 86 – 90 + 100.

[31] 高宏霞, 杨林, 付海东. 中国各省经济增长与环境污染关系的研究与预测——基于环境库兹涅茨曲线的实证分析 [J]. 经济学动态, 2012 (1): 52 – 57.

[32] 高静. 中国 SO_2 与 CO_2 排放路径与环境治理研究——基于 30 个省市环境库兹涅茨曲线面板数据分析 [J]. 现代财经 (天津财经大学学报), 2012 (8): 120 – 129.

[33] 葛俊, 吴舟. 上市公司企业技术创新影响因素研究 [J]. 财会通讯, 2014 (9): 49 – 52.

[34] 耿丽萍, 李明. 煤炭企业技术创新研究 [J]. 煤炭技术, 2011 (5): 254 – 256.

[35] 龚瑶, 严婷. 技术冲击、碳排放与气候环境——基于 DICE 模型框架的模拟 [J]. 中国管理科学, 2014 (S1): 801 – 809.

[36] 谷国锋, 滕福星. 区域科技创新运行机制与评价指标体系研究 [J]. 东北师大学报, 2003 (4): 24 – 30.

[37] 郭立甫, 姚坚, 高铁梅. 基于新凯恩斯 DSGE 模型的中国经济波动分析 [J]. 上海经济研究, 2013 (1): 3 – 12.

[38] 郭沛, 杨军. 中国工业行业 FDI 对碳排放强度的影响 [J]. 经济问题, 2015 (8): 76 – 80 + 85.

[39] 郭平, 潘郭钦. 利用外资对我国区域技术创新溢出效应的动态面板

研究［J］．财经理论与实践，2014（5）：29 – 33.

［40］郭晓川．合作技术创新 – 大学与企业合作的理论和实证 – 第 1 版［M］．北京：经济管理出版社，2001.

［41］韩坚，盛培宏．产业结构、技术创新与碳排放实证研究——基于我国东部 15 个省（市）面板数据［J］．上海经济研究，2014（8）：67 – 74.

［42］胡彩梅，韦福雷．技术创新、技术标准化与中国经济增长关系的实证研究［J］．科技与经济，2011（3）：16 – 20.

［43］胡彩梅，韦福雷，吴莹辉，王莉，赵淑英．中国能源产业技术创新效率对碳排放的影响研究［J］．资源开发与市场，2014（3）：300 – 304.

［44］胡海峰，胡吉亚．区域技术创新评估文献综述［J］．理论学刊，2011（4）：68 – 72.

［45］胡蓝艺，蔡风景，李元．基于异质性假设的我国碳排放的 EKC 再检验［J］．温州大学学报（自然科学版），2013（3）：24 – 31.

［46］胡哲一．技术创新的概念与定义［J］．科学学与科学技术管理，1992（5）：47 – 50.

［47］华昱．设备投资专有技术冲击与宏观经济波动——基于贝叶斯估计的新凯恩斯动态随机一般均衡的研究［J］．产业经济研究，2016（6）：67 – 77.

［48］黄林甫，叶阿忠，熊开亮．中国省域知识空间相关性研究——基于半参数计量空间滞后模型［J］．福建师范大学学报（哲学社会科学版），2011（5）：27 – 31.

［49］黄蕊，刘昌新，王铮．碳税和硫税治理下中国未来的碳排放趋势［J］．生态学报，2017（9）：2869 – 2879.

［50］黄蕊，王铮，丁冠群，龚洋冉，刘昌新．基于 STIRPAT 模型的江苏省能源消费碳排放影响因素分析及趋势预测［J］．地理研究，2016（4）：781 – 789.

［51］黄耀军．我国财政政策经济效应的实证研究［D］．厦门：厦门大学，2002.

［52］黄英娜，王学军．环境 CGE 模型的发展及特征分析［J］．中国人

口·资源与环境, 2002, 12 (2): 34 - 38.

[53] 简志宏, 朱柏松, 李霜. 动态通胀目标、货币供应机制与中国经济波动——基于动态随机一般均衡的分析 [J]. 中国管理科学, 2012 (1): 30 - 42.

[54] 蒋颖. DSGE 视角下我国金融加速器效应的地区差异分析 [D]. 广州: 广东财经大学, 2015.

[55] 蒋振威, 王平. 海南区域技术创新能力评价与空间差异性分析——基于 2009 - 2014 年海南 18 个市县面板数据 [J]. 经济地理, 2016, 36 (11): 24 - 30.

[56] 雷厉, 仲云云, 袁晓玲. 中国区域碳排放的因素分解模型及实证分析 [J]. 当代经济科学, 2011 (5): 59 - 65 + 126.

[57] 李博. 中国地区技术创新能力与人均碳排放水平——基于省级面板数据的空间计量实证分析 [J]. 软科学, 2013 (1): 26 - 30.

[58] 李冬冬, 杨晶玉. 基于排污权交易的最优减排研发补贴研究 [J]. 科学学研究, 2015 (10): 1504 - 1510.

[59] 李国志, 李宗植. 二氧化碳排放与经济增长关系的 EKC 检验——对我国东、中、西部地区的一项比较 [J]. 产经评论, 2011 (6): 139 - 151.

[60] 李海涛. 基于 RICE - 2010 模型的中国碳减排路径探讨 [A]. 创新驱动发展 提高气象灾害防御能力——第 30 届中国气象学会年会 [C]. 中国气象学会, 2013.

[61] 李红, 王彦晓. 金融集聚、空间溢出与城市经济增长——基于中国 286 个城市空间面板杜宾模型的经验研究 [J]. 国际金融研究, 2014 (2): 89 - 96.

[62] 李建强. 我国财政支出结构与居民消费异质性动态关系 [J]. 山西财经大学学报, 2012 (1): 14 - 26.

[63] 李沙沙, 牛莉. 技术进步对二氧化碳排放的影响分析——基于静态和动态面板数据模型 [J]. 经济与管理研究, 2014 (10): 19 - 26.

[64] 李维峰. 金融摩擦视角下中国货币政策规则选择研究 [D]. 沈阳: 辽宁大学, 2013.

［65］李伟．节能减排研究文献综述［J］．经济研究参考，2015（6）：39－49．

［66］李文溥，龚敏，李静，王燕武，卢盛荣．2016—2017年中国宏观经济预测与分析［J］．厦门大学学报（哲学社会科学版），2016（3）：1－9．

［67］李晓琴，樊茂清，任若恩，樊玉萍．基于理性预期的宏观计量模型研究［J］．生产力研究，2008（15）：23－26．

［68］李晓钟，张小蒂．外商直接投资对我国区域技术创新能力提升影响的分析［J］．国际贸易问题，2007（12）：106－111．

［69］李雪平．环境与能源约束下的湖北省经济增长——Solow增长模型框架下的量化研究［J］．农村经济与科技，2016，27（21）：196－198．

［70］李兆友．论技术创新过程［J］．大连市委党校学报，1999（5）：13－15．

［71］李子奈，潘文卿．计量经济学－3版［M］．北京：高等教育出版社，2010.3．

［72］刘安国．不平衡发展条件下区域经济与环境福利双重不平等假说——基于中国省际面板数据的实证研究［J］．经济问题探索，2012（1）：138－147．

［73］刘斌．动态随机一般均衡模型及其应用［M］．北京：中国金融出版社，2010．

［74］刘广为，赵涛．中国碳排放强度影响因素的动态效应分析［J］．资源科学，2012，34（11）：2106－2114．

［75］刘建华，王姝琪，姜照华．区域创新体系模拟与预测：多主体DSGE建模分析［J］．科技进步与对策，2016（14）：33－40．

［76］刘娇．公共财政视角下的县域财政建设问题研究［D］．沈阳：沈阳农业大学，2011．

［77］刘金全，王译兴，刘子玉．新常态下的中国经济周期波动——基于金融摩擦视角的实证研究［J］．商业研究，2017（6）：107－114．

［78］刘明广．区域创新系统绩效评价的影响因素实证研究［J］．工业技术经济，2013（7）：52－59．

［79］刘祺. PAGE 模型与 DICE/RICE 模型的比较［J］. 现代物业（中旬刊），2014（Z1）：76 – 79.

［80］刘伟，王宏伟. 技术创新影响因素的区域差异：以中国 30 个省份为例的研究［J］. 数学的实践与认识，2011（11）：37 – 45.

［81］刘晔，张训常. 碳排放交易制度与企业研发创新——基于三重差分模型的实证研究［J］. 经济科学，2017（3）：102 – 114.

［82］柳卸林. 技术创新经济学［M］. 北京：中国经济出版社，1993：16 – 30.

［83］娄峰. 科技研发投入政策模拟分析：基于中国科技 CGE 模型［J］. 重庆理工大学学报（社会科学），2017（1）：59 – 66.

［84］鲁亚军，张汝飞. R&D 人力投入和经费投入对区域创新能力的影响——基于空间面板模型的实证研究［J］. 现代管理科学，2015（1）：109 – 111.

［85］路正南，郝文丽，杨雪莲. 基于低碳经济视角的我国碳排放强度影响因素分析［J］. 科技管理研究，2016（3）：240 – 245.

［86］苏凯，陈毅辉. 福建省碳排放综合影响因素及趋势预测实证研究［J］. 福建农林大学学报（哲学社会科学版），2018，21（6）：61 – 67.

［87］栾殿飞，陈慧慧，侯金莉. 开放经济环境中技术创新的影响因素分析［J］. 东北农业大学学报（社会科学版），2013，11（3）：18 – 24.

［88］吕志鹏. 中国 CO_2 排放的环境库兹涅茨曲线形态及其地区差异分析［D］. 东北财经大学，2012.

［89］毛明明，邓雨寒，孙建. 中国区域碳排放环境管制溢出效应研究［J］. 科技管理研究，2016（7）：235 – 239.

［90］毛明明，孙建. 基于联立方程模型的 FDI、产业结构与碳排放互动关系研究［J］. 重庆理工大学学报（社会科学），2015a（4）：28 – 34.

［91］毛明明，孙建. 区域 FDI 的碳排放影响路径分析——基于京津冀地区面板联立方程模型［J］. 经济与管理，2015b（4）：91 – 96.

［92］毛明明，孙建. 中国区域碳排放与影响因素关系的实证分析——基于省际面板数据［J］. 重庆工商大学学报（自然科学版），2015c（6）：

21－29.

［93］毛彦军，王晓芳，徐文成．消费约束与货币政策的宏观经济效应——基于动态随机一般均衡模型的分析［J］．南开经济研究，2013（1）：53－67.

［94］孟卫军．溢出率、减排研发合作行为和最优补贴政策［J］．科学学研究，2010，28（8）：1160－1164.

［95］米志付．气候变化综合评估建模方法及其应用研究［D］．北京理工大学，2015.

［96］牛莲芳，费良杰，庞娟．有关技术创新的文献综述［J］．甘肃科技，2006（9）：16－18.

［97］庞军．国内外节能减排政策研究综述［J］．生态经济，2008（9）：136－138.

［98］齐绍洲，林屾，王班班．中部六省经济增长方式对区域碳排放的影响——基于Tapio脱钩模型、面板数据的滞后期工具变量法的研究［J］．中国人口·资源与环境，2015（5）：59－66.

［99］曲如晓，江铨．人口规模、结构对区域碳排放的影响研究——基于中国省级面板数据的经验分析［J］．人口与经济，2012（2）：10－17.

［100］邵云飞，范群林，唐小我．基于内生增长模型的区域创新能力影响因素研究［J］．科研管理，2011（9）：28－34.

［101］邵云飞，詹坤，吴言波．突破性技术创新：理论综述与研究展望［J］．技术经济，2017（4）：30－37.

［102］盛芳芳．调整成本约束下的中国经济波动数量分析［D］．杭州：浙江工商大学，2017.

［103］石峰，谢小春，姚旭兵．进口贸易门槛、研发投入与区域技术创新［J］．经济问题探索，2016（2）：54－62.

［104］宋之杰，孙其龙．减排视角下企业的最优研发与补贴［J］．科研管理，2012，33（10）：80－89.

［105］苏方林．中国研发与经济增长的空间统计分析［M］．北京：经济科学出版社，2009：58.

［106］孙建. 中国区域创新能力俱乐部收敛研究［A］. 武汉大学，Madison 大学，美国科研出版社. Proceedings of International Conference on Engineering and Business Management（EBM2010）［C］. 武汉大学、美国 James Madison 大学、美国科研出版社，2010a.

［107］孙建. 中国区域创新能力收敛性研究［J］. 科学学与科学技术管理，2010b（2）：113 – 117.

［108］孙建. 中国区域创新内生俱乐部收敛研究——空间过滤与门槛面板分析［J］. 科学学与科学技术管理，2011（7）：74 – 80.

［109］何真. 长三角地区碳排放效率测度及其影响因素研究［J］. 农村经济与科技，2018，29（4）：8 – 10.

［110］孙建. 中国区域技术创新绩效计量研究［M］. 成都：西南财经大学出版社，2012.

［111］孙建. 东北老工业基地工业行业碳排放影响因素研究［J］. 科技管理研究，2015a（11）：225 – 228 + 234.

［112］孙建. 基于 SEVM 的中国区域技术创新内生俱乐部收敛研究［J］. 华东经济管理，2015b（3）：63 – 66.

［113］孙建. 中国技术创新碳减排效应研究——基于内生结构突变模型的分析［J］. 统计与信息论坛，2015c（2）：23 – 27.

［114］孙建. 中国区域碳排放 EKC 曲线异质性研究空间过滤的面板数据分析［J］. 资源开发与市场，2015d（7）：787 – 790.

［115］孙建. 区域碳排放库兹涅兹曲线门槛效应研究［J］. 统计与决策，2016（12）：131 – 134.

［116］孙建，柴泽阳. 中国区域环境规制“绿色悖论”空间面板研究［J］. 统计与决策，2017（15）：137 – 141.

［117］孙建，毛明明. 重庆制造业能源消费碳排放因素实证研究［J］. 重庆理工大学学报（社会科学），2014（11）：52 – 58 + 74.

［118］孙建，齐建国. 人力资本门槛与中国区域创新收敛性研究［J］. 科研管理，2009（6）：31 – 38.

［119］孙建，王胜，代春艳，毛明明. 我国老工业基地碳排放影响因素

研究［J］.西部论坛，2015（1）：95－101.

［120］孙建，吴利萍.中国区域创新宏观经济效应计量研究——八大区域的模拟分析［J］.中国科技论坛，2012a（12）：69－73.

［121］孙建，吴利萍.中国区域创新效率及影响因素研究——空间过滤与异质效应 SFA 实证［J］.科技与经济，2012b（2）：25－29.

［122］孙建，吴利萍，齐建国.中国区域创新对宏观经济影响的计量研究——东中西部三大区域实证分析［J］.研究与发展管理，2013（2）：66－73.

［123］孙宁华.中国宏观经济动态模型与校准分析［M］.南京：南京大学出版社，2015.

［124］孙习武，张炳君.青岛市"十三五"主要经济指标预测——基于宏观经济模型［J］.中共青岛市委党校.青岛行政学院学报，2016（2）：33－37.

［125］孙亚男.碳交易市场中的碳税策略研究［J］.中国人口.资源与环境，2014（3）：32－40.

［126］唐未兵，傅元海，王展祥.技术创新、技术引进与经济增长方式转变［J］.经济研究，2014（7）：31－43.

［127］田相辉，张秀生.空间外部性的识别问题［J］.统计研究，2013（9）：94－100.

［128］佟昕，李学森.区域碳排放和减排路径文献前沿理论综述［J］.经济问题探索，2017（1）：169－176.

［129］佟新华，杜宪.日本碳排放强度影响因素及驱动效应测度分析［J］.现代日本经济，2015（5）：87－94.

［130］涂华，刘翠杰.标准煤二氧化碳排放的计算［J］.煤质技术，2014（2）：57－60.

［131］托雷斯.动态宏观经济一般均衡模型入门［M］.北京：中国金融出版社，2015.

［132］万坤扬，陆文聪.中国技术创新区域变化及其成因分析——基于面板数据的空间计量经济学模型［J］.科学学研究，2010（10）：1582－1591.

［133］万勇 . 现阶段中国区域技术创新能力及其分布研究——基于中国 30 个省级区域数据的因子分析［J］. 东北大学学报（社会科学版），2009（3）：210 – 215.

［134］王国静，田国强 . 政府支出乘数［J］. 经济研究，2014（9）：4 – 19.

［135］王家庭 . 技术创新、空间溢出与区域工业经济增长的实证研究［J］. 中国科技论坛，2012（1）：55 – 61.

［136］王奇，刘巧玲，刘勇 . 国际贸易对污染—收入关系的影响研究——基于跨国家 SO_2 排放的面板数据分析［J］. 中国人口 . 资源与环境，2013（4）：73 – 80.

［137］王锐淇 . 我国区域技术创新能力空间相关性及扩散效应实证分析——基于 1997 – 2008 空间面板数据［J］. 系统工程理论与实践，2012（11）：2419 – 2432.

［138］王现忠 . 我国中部六省区域技术创新绩效评价［D］. 南昌：江西财经大学，2015.

［139］王欣，姚洪兴 . 长三角 OFDI 对区域技术创新的非线性动态影响效应——基于吸收能力的 PSTR 模型检验［J］. 世界经济研究，2016（11）：86 – 100.

［140］王星，刘高理 . 甘肃省人口规模、结构对碳排放影响的实证分析——基于扩展的 STIRPAT 模型［J］. 兰州大学学报（社会科学版），2014（1）：127 – 132.

［141］王宇新，王立平 . 我国省际间技术创新能力的差异研究［J］. 科技与经济，2010（6）：11 – 14.

［142］王宇新，姚梅 . 空间效应下中国省域间技术创新能力影响因素的实证分析［J］. 科学决策，2015（3）：72 – 81.

［143］王铮，张帅，吴静 . 一个新的 RICE 簇模型及其对全球减排方案的分析［J］. 科学通报，2012，57（26）：2507 – 2515.

［144］魏守华，姜宁，吴贵生 . 本土技术溢出与国际技术溢出效应——来自中国高技术产业创新的检验［J］. 财经研究，2010（1）：54 – 65.

［145］吴彼爱，高建华，徐冲. 基于产业结构和能源结构的河南省碳排放分解分析［J］. 经济地理，2010（11）：1902-1907.

［146］吴静，朱潜挺，刘昌新，王铮. DICE/RICE 模型中碳循环模块的比较［J］. 生态学报，2014（22）：6734-6744.

［147］吴静，朱潜挺，王铮. 研发投资对全球气候保护影响的模拟分析［J］. 科学学研究，2012，27（4）：39-47.

［148］吴延兵. R&D 存量、知识函数与生产效率［J］. 经济学（季刊），2006（3）：1129-1156.

［149］吴延兵. 中国工业 R&D 产出弹性测算（1993—2002）［J］. 经济学（季刊），2008（3）：869-890.

［150］吴智华，杨秀云. 信贷结构摩擦、住房市场波动与货币政策［J］. 财经科学，2017（10）：1-16.

［151］武晓利. 环保政策、治污努力程度与生态环境质量——基于三部门 DSGE 模型的数值分析［J］. 财经论丛，2017a（4）：101-112.

［152］武晓利. 能源价格、环保技术与生态环境质量——基于包含碳排放 DSGE 模型的分析［J］. 软科学，2017b（7）：116-120.

［153］武晓利，晁江锋. 财政支出结构对居民消费率影响及传导机制研究——基于三部门动态随机一般均衡模型的模拟分析［J］. 财经研究，2014（6）：4-15.

［154］武彦民，竹志奇. 地方政府债务置换的宏观效应分析［J］. 财贸经济，2017（3）：21-37.

［155］肖皓，谢锐，万毅. 节能型技术进步与湖南省两型社会建设——基于湖南省 CGE 模型研究［J］. 科技进步与对策，2012（9）：36-42.

［156］肖红叶，程郁泰. E-DSGE 模型构建及我国碳减排政策效应测度［J］. 商业经济与管理，2017（7）：73-86.

［157］肖泽群，祁明，黄瑞东. 包含碳排放税因素的技术创新增长效应分析——基于内生增长模型的研究［J］. 生态经济：学术版，2011（1）：26-29.

［158］谢品杰，黄晨晨. 基于经济周期视角及灰色理论的我国碳排放强

度影响因素分析［J］．工业技术经济，2015（10）：137－144.

［159］徐辉，刘俊．广东省区域技术创新能力测度的灰色关联分析［J］．地理科学，2012（9）：1075－1080.

［160］徐淑丹．新常态下中国政府投资结构之研判：兼论财政政策的效力与可持续性［J］．经济评论，2016（1）：39－52.

［161］徐舒，左萌，姜凌．技术扩散、内生技术转化与中国经济波动——一个动态随机一般均衡模型［J］．管理世界，2011（3）：22－31＋187.

［162］徐文成，薛建宏，毛彦军．宏观经济动态性视角下的环境政策选择——基于新凯恩斯 DSGE 模型的分析［J］．中国人口·资源与环境，2015（4）：101－109.

［163］许广月，宋德勇．中国碳排放环境库兹涅茨曲线的实证研究——基于省域面板数据［J］．中国工业经济，2010（5）：37－47.

［164］许士春，张文文，戴利俊．基于 CGE 模型的碳税政策对碳排放及居民福利的影响分析［J］．工业技术经济，2016（5）：52－59.

［165］杨翱，刘纪显．模拟征收碳税对我国经济的影响——基于 DSGE 模型的研究［J］．经济科学，2014（6）：53－66.

［166］杨翱，刘纪显，吴兴弈．基于 DSGE 模型的碳减排目标和碳排放政策效应研究［J］．资源科学，2014，36（7）：1452－1461.

［167］杨翱，刘纪显，吴兴弈．能源价格波动对中国经济的影响——基于 DSGE 模型的分析［J］．系统工程，2016（11）：147－153.

［168］杨建军．云铜集团技术创新机制研究［D］．昆明理工大学，2008.

［169］杨林，高宏霞．环境污染与经济增长关系的内在机理研究——基于综合污染指数的实证分析［J］．软科学，2012，26（11）：74－79.

［170］杨晓光．轻松走进宏观经济分析的高大上——《动态随机一般均衡模型及其应用》评述［J］．全国新书目，2014（5）：12－13.

［171］姚丽，谷国锋．区域技术创新、空间溢出与区域高技术产业水平［J］．中国科技论坛，2015（1）：91－95.

［172］姚西龙．技术创新对工业碳强度的影响测度及减排路径研究

[D]．哈尔滨：哈尔滨工业大学，2012.

[173] 叶明确，方莹．出口与我国全要素生产率增长的关系——基于空间杜宾模型 [J]．国际贸易问题，2013（5）：19－31.

[174] 易小丽．投资专有技术冲击、货币冲击与中国宏观经济波动 [J]．福建师范大学学报（哲学社会科学版），2014（4）：36－45.

[175] 尹方敏．中国省际工业企业技术创新能力收敛性及影响因素分析 [D]．杭州：浙江工商大学，2016.

[176] 余琳．西北地区技术创新能力影响因素分析 [D]．乌鲁木齐：新疆大学，2015.

[177] 余秀江，胡冬生，何新闻，王宣喻．我国技术创新影响因素的动态分析——基于 SVAR 模型的实证研究 [J]．软科学，2010（8）：11－16.

[178] 俞佳玉．江苏省大中型工业企业技术创新能力评价研究 [D]．苏州：苏州大学，2013.

[179] 张兵兵，徐康宁，陈庭强．技术进步对二氧化碳排放强度的影响研究 [J]．资源科学，2014（3）：567－576.

[180] 张翠菊，张宗益．中国省域产业结构升级影响因素的空间计量分析 [J]．统计研究，2015（10）：32－37.

[181] 张继林．价值网络下企业开放式技术创新过程模式及运营条件研究 [D]．天津：天津财经大学，2009.

[182] 张静，王宏伟．我国知识资本生产特征及其对经济增长的影响 [J]．科学学研究，2017，35（8）：1156－1166.

[183] 张军，施少华，陈诗一．中国的工业改革与效率变化——方法、数据、文献和现有的结果 [J]．经济学（季刊），2003（4）：1－38.

[184] 张克俊．国家高新区提高自主创新能力建设创新型园区研究 [D]．成都：西南财经大学，2010.

[185] 张丽峰．我国产业结构、能源结构和碳排放关系研究 [J]．干旱区资源与环境，2011（5）：1－7.

[186] 张娜，杨秀云，李小光．我国高技术产业技术创新影响因素分析 [J]．经济问题探索，2015（1）：30－35.

［187］张前荣. 中国宏观经济模型的研制与应用［M］. 北京：经济管理出版社，2012.

［188］张同健，李讯，简传红. 我国企业技术创新体系实证研究［J］. 湖南工程学院学报（社会科学版），2009（3）：1－4.

［189］张伟，王韶华，范德成. 基于 PA－VEC 的我国碳排放影响因素及影响机理研究［J］. 工业技术经济，2013（2）：72－80.

［190］张伟进，胡春田，方振瑞. 农民工迁移、户籍制度改革与城乡居民生活差距［J］. 南开经济研究，2014（2）：30－53.

［191］张友国. 经济发展方式变化对中国碳排放强度的影响［J］. 经济研究，2010（4）：120－133.

［192］张孜孜. 我国碳税的税率估算及其影响研究［D］. 武汉：华中科技大学，2014.

［193］张宗和，彭昌奇. 区域技术创新能力影响因素的实证分析——基于全国 30 个省市区的面板数据［J］. 中国工业经济，2009（11）：35－44.

［194］张宗益，周勇，钱灿，赖德林. 基于 SFA 模型的我国区域技术创新效率的实证研究［J］. 软科学，2006（2）：125－128.

［195］张佐敏. 中国存在财政规则吗？［J］. 管理世界，2014（5）：23－35.

［196］赵国庆，杨健. 经济数学模型的理论与方法［M］. 北京：中国金融出版社，2003. 8.

［197］赵欣，龙如银. 考虑全要素生产率的中国碳排放影响因素分析［J］. 资源科学，2010（10）：1863－1870.

［198］郑贵忠. 我国国家创新系统的研究［D］. 天津：天津大学，2011.

［199］郑佳佳，孙星，张牧吟，蒋平，朱韵，高烁. 温室气体减排与大气污染控制的协同效应——国内外研究综述［J］. 生态经济，2015（11）：133－137.

［200］郑丽琳，朱启贵. 技术冲击、二氧化碳排放与中国经济波动——基于 DSGE 模型的数值模拟［J］. 财经研究，2012（7）：37－48.

［201］仲伟周，姜锋，万晓丽．我国产业结构变动对碳排放强度影响的实证研究［J］．审计与经济研究，2015（6）：88－96.

［202］周杰琦，汪同三．自主技术创新对中国碳排放的影响效应——基于省际面板数据的实证研究［J］．科技进步与对策，2014（24）：29－35.

［203］周凌瑶．中国宏观经济年度模型的研制及应用［M］．北京：中国农业出版社，2010.6.

［204］周五七，聂鸣．碳排放与碳减排的经济学研究文献综述［J］．经济评论，2012（5）：144－151.

［205］朱柏松．基于 DSGE 模型的货币政策和财政政策联动机制研究［D］．武汉：华中科技大学，2013.

［206］朱晶晶．基于 RICE 模型"金砖四国" CO_2 减排政策的模拟研究［D］．南京：南京信息工程大学，2012.

［207］朱永彬，王铮．经济平稳增长下基于研发投入的减排控制研究［J］．科学学研究，2013（4）：554－559.

［208］朱智洺，方培．能源价格与碳排放动态影响关系研究——基于DSGE 模型的实证分析［J］．价格理论与实践，2015（5）：54－56.

［209］庄子罐，崔小勇，龚六堂，邹恒甫．预期与经济波动——预期冲击是驱动中国经济波动的主要力量吗？［J］．经济研究，2012（6）：46－59.

［210］邹新月，罗发友，李汉通．技术创新内涵的科学理解及其结论［J］．技术经济，2001（5）：13－14.

［211］邹秀萍，陈劭锋，宁淼，刘扬．中国省级区域碳排放影响因素的实证分析［J］．生态经济，2009（3）：34－37.

［212］Acs，Anselin，Varga. Patents and Innovation Counts as Measures of Regional Production of New Knowledge［J］．*Research Policy*，2002，31（7）：1069－1085.

［213］Ajmi，Hammoudeh，Nguyen，Sato. On the Relationships between CO_2 Emissions，Energy Consumption and Income：The Importance of Time Variation［J］．*Energy Economics*，2015，49（Supplement C）：629－638.

［214］Amaia. Convergence in the Innovative Performance of the European Union Countries [J]. *Transition Studies Review*, 2010, 17 (1): 22 – 38.

[215] Andersson, Karlsson. Regional Innovation Systems in Small and Medi-um-sized Regions [A]. In Johansson, Karlsson, Stough. The Emerging Digital E-conomy: Entrepreneurship, Clusters, and Policy [C]. Berlin, Heidelberg, Springer Berlin Heidelberg, 2006: 55 – 81.

[216] Angelopoulos, Economides, Philippopoulos. What is the Best Environ-mental Policy? Taxes, Permits and Rules under Economic and Environmental Un-certainty [J]. *Working Papers*, 2010 (3).

[217] Annicchiarico, Dio. Environmental Policy and Macroeconomic Dynam-ics in a New Keynesian Model [J]. *Journal of Environmental Economics & Man-agement*, 2015, 69 (1): 1 – 21.

[218] Anselin. *Spatial Econometrics : Methods and Models* [M]. Dordrech: Kluwer Academic Publisher, 1988.

[219] Antweiler, Copeland, Taylor. Is Free Trade Good for the Environment? [J]. *American Economic Review*, 2001, 91 (4): 877 – 908.

[220] Asteriou, Lalountas, Siriopoulos. A Small Macro-econometric Model for Greece: Implications About the Sustainability of the Greek External Debt [J]. *Social Science Electronic Publishing*, 2011.

[221] Audretsch, Feldman. R&D Spillovers and the Geography of Innovation and Production [J]. *American Economic Review*, 1996, 86 (3): 630 – 640.

[222] Autio. Evaluation of RTD in Regional Systems of Innovation [J]. *Eu-ropean Planning Studies*, 1998, 6 (2): 131 – 140.

[223] Baek. Environmental Kuznets Curve for CO_2 Emissions: The Case of Arctic Countries [J]. *Energy Economics*, 2015, 50 (Supplement C): 13 – 17.

[224] Barker, Scrieciu, Foxon. Achieving the G8 50% Target: Modelling In-duced and Accelerated Technological Change Using the Macro-econometric Model E3MG [J]. *Climate Policy*, 2008, 8 (Supp 1): 30 – 45.

[225] Bernanke, Gertler, Gilchrist. Chapter 21 The Financial Accelerator in a Quantitative Business Cycle Framework [A]. In Handbook of Macroeconomics

［C］. 1999, 1341 – 1393

［226］ Beuuséjour, Lenjosek, Smart. A CGE Approach to Modelling Carbon Dioxide Emissions Control in Canada and the United States ［J］. *World Economy*, 1995, 18 (3): 457 – 488.

［227］ Blanford. R&D Investment Strategy for Climate Change ［J］. *Energy Economics*, 2009, 31: S27 – S36.

［228］ Bode. The Spatial Pattern of Localized R&D Spillovers: an Empirical Investigation for Germany ［J］. *Journal of Economic Geography*, 2004, 4 (1): 43 – 64.

［229］ Bor, Chuang, Lai, Yang. A Dynamic General Equilibrium Model for Public R&D Investment in Taiwan ［J］. *Economic Modelling*, 2009, 27 (1): 171 – 183.

［230］ Borcard, Legendre, Avois-Jacquet, Tuomisto. Dissecting the Spatial Structure of Ecological Data at Multiple Scales ［J］. *Ecology*, 2004, 85 (7): 1826 – 1832.

［231］ Bovenberg, Goulder. Environmental Taxation and Regulation ［J］. *Handbook of Public Economics*, 2001, 3: 1471 – 1545.

［232］ Bradley, Morgenroth, Untiedt. Macro-regional Evaluation of the Structural Funds Using the HERMIN Modelling Framework ［J］. *Italian Journal of Regional Science*, 2003, 3 (3): 5 – 28.

［233］ Bretschger, Ramer, Schwark. Growth Effects of Carbon Policies: Applying a Fully Dynamic CGE Model With Heterogeneous Capital ［J］. *Resource & Energy Economics*, 2011, 33 (4): 963 – 980.

［234］ Bukowski, Kowal. Large Scale, Multi-Sector DSGE Model as a Climate Policy Assessment Tool-Macroeconomic Mitigation Options (MEMO) Model for Poland ［J］. *Ibs Working Papers*, 2010.

［235］ Buonanno, Carraro, Galeotti. Endogenous Induced Technical Change and the Costs of Kyoto ［J］. *Resource and Energy Economics*, 2003, 25 (1): 11 – 34.

［236］Castellacci, Natera. The Dynamics of National Innovation Systems: A Panel Cointegration Analysis of the Coevolution Between Innovative Capability and Absorptive Capacity ［J］. *Research Policy*, 2013, 42 (3): 579 – 594.

［237］Coenen, Asheim, Bugge, Herstad. Advancing Regional Innovation Systems: What Does Evolutionary Economic Geography Bring to the Policy Table? ［J］. *Environment & Planning C*, 2016, 35.

［238］Cole, Elliott, Okubo, Zhou. The Carbon Dioxide Emissions of Firms: A Spatial Analysis ［J］. *Journal of Environmental Economics and Management*, 2013, 65 (2): 290 – 309.

［239］Comite, Kancs. Macro-Economic Models for R&D and Innovation Policies ［J］. *Jrc Working Papers on Corporate R & D & Innovation*, 2015.

［240］Cooke. Regional Innovation System: An Evolutionary Approach, Regional Innovation System ［A］. In H. , P. , Heidenreieh. RegionalInnovationSystem ［C］. London, University of London Press, 1996.

［241］Criqui, Mima, Viguier. Marginal Abatement Costs of CO_2 Emission Reductions, Geographical Flexibility and Concrete Ceilings: an Assessment Using the Poles Model ［J］. *Energy Policy*, 1999, 27 (10): 585 – 601.

［242］De Graeve, Kick, Koetter. Monetary Policy and Financial (in) Stability: An Integrated Micro-macro Approach ［J］. *Journal of Financial Stability*, 2008, 4 (3): 205 – 231.

［243］Dinda, Dipankor Coondoo, Pal. Air Quality and Economic Growth: an Empirical Study ［J］. *Ecological Economics*, 2000, 34 (3): 409 – 423.

［244］Diniz-Filho, Nabout, Telles, Soares, Rangel. AReview of Techniques for Spatial Modeling in Geographical, Conservation And Landscape Genetics ［J］. *Genetics and Molecular Biology*, 2009, 32 (2): 203 – 211.

［245］Dissou, Karnizova. Emissions Cap or Emissions Tax? A Multi-sector Business Cycle Analysis ［J］. *Journal of Environmental Economics & Management*, 2016, 79: 169 – 188.

［246］Doloreux, Edquist, Hommen. The Institutional and Functional Underpinnings of the Regional Innovation System of East-Gothia in Sweden [A]. Conference 2003 on Creating, Sharing and Transferring Knowledge: The Role of Geography, Institutions and Organizations [C], 2003: 1 –41.

[247] Dray, Legendre, Peres-Neto. Spatial Modelling: a Comprehensive Framework for Principal coordinate analysis of neighbour matrices (PCNM) [J]. *Ecological Modelling*, 2006, 196 (3 –4): 483 –493.

[248] Ebohon, Ikeme. Decomposition Analysis of CO_2 Emission Intensity between Oil-producing and Non-oil-producing Sub-Saharan African countries [J]. *Energy Policy*, 2006, 34 (18): 3599 –3611.

[249] Elhorst. Specification and Estimation of Spatial Panel Data Models [J]. *International Regional Science Review*, 2003, 26 (3): 244.

[250] Elhorst. Spatial panel data models [A]. In Fischer, Getis. Handbook of Applied Spatial Analysis [C]. Berlin Heidelberg New York, Springer, 2010: 377 –407.

[251] Elhorst. Matlab Software for Spatial Panels [J]. *International Regional Science Review*, 2012, 37 (3): 389 –405.

[252] Esteve, Tamarit. Threshold Cointegration and Nonlinear Adjustment between CO_2 and Income: The Environmental Kuznets Curve in Spain, 1857 – 2007 [J]. *Energy Economics*, 2012, 34 (6): 2148 –2156.

[253] Fan, Liu, Wu, Wei. Analyzing Impact Factors of CO_2 Emissions Using the STIRPAT Model [J]. *Environmental Impact Assessment Review*, 2006, 26 (4): 377 –395.

[254] Figueroa, Pasten. Country-specific Environmental Kuznets Curves: A Random Coefficient Approach Applied to Hign-income Countries [J]. *Esdudios de Economia*, 2009, 36 (1): 5 –32.

[255] Fischer, Heutel. Environmental Macroeconomics: Environmental Policy, Business Cycles, and Directed Technical Change [J]. *Annual Review of Resource Economics*, 2013, 5 (1): 197 –210.

[256] Fischer, Springborn. Emissions Targets and the Real Business Cycle:

Intensity Targets Versus Caps or Taxes [J]. *Discussion Papers*, 2009, 62 (3): 352 – 366.

[257] Fisher-Vanden, Sue Wing. Accounting for Quality: Issues with Modeling the Impact of R&D on Economic Growth and Carbon Emissions in Developing Economies [J]. *Energy Economics*, 2008, 30 (6): 2771 – 2784.

[258] Fosten, Morley, Taylor. Dynamic Misspecification in the Environmental Kuznets Curve: Evidence from CO_2 and SO_2 Emissions in the United Kingdom [J]. *Ecological Economics*, 2012, 76: 25 – 33.

[259] Fraser, Waschik. The Double Dividend Hypothesis in a CGE model: Specific Factors and the Carbon Base [J]. *Energy Economics*, 2013, 39 (3): 283 – 295.

[260] Freeman. *Technology and Economic Performance: Lessons from Japan* [M]. London: Pinter Publishers, 1987.

[261] Freeman, Christopher. The Economics of Industrial Innovation (2thed) [M]. Frances Pinter, 1982: 215 – 219.

[262] Fritsch, Franke. Innovation, Regional Knowledge Spillovers and R&D Cooperation [J]. *Research Policy*, 2004, 33 (2): 245 – 255.

[263] Furman, Porter, Stern. The Determinants of National Innovative Capacity [J]. *Research Policy*, 2002, 31 (6): 899 – 933.

[264] Galeotti, Lanza, Pauli. Reassessing the Environmental Kuznets Curve for CO_2 Emissions: A Robustness Exercise [J]. *Ecological Economics*, 2006, 57 (1): 152 – 163.

[265] Garrone, Grilli. Is there a Relationship between Public Expenditures in Energy R&D and Carbon Emissions per GDP? An Empirical Investigation [J]. *Energy policy*, 2010, 38 (10): 5600 – 5613.

[266] Getis, Griffith. Comparative Spatial Filtering in Regression Analysis [J]. *Geographical Analysis*, 2002, 34 (2): 130 – 140.

[267] Goñi, Maloney. Why don't Poor Countries do R&D? Varying Rates of Factor Returns Across the Development Process [J]. *European Economic Review*,

2017, 94: 126 – 147.

[268] Goodchild, RP, Wise. Integrating GIS and Spatial Data Analysis: Problems and Possibilities [J]. *Geographical Information Systems*, 1992, 6 (5): 407 – 23.

[269] Goulder, Schneider. Induced Technological Change and the Attractiveness of CO_2 Abatement Policies [J]. *Resource and Energy Economics*, 1999, 21 (3): 211 – 253.

[270] Grech, Grech, Micallef, Rapa, Gatt. A Structural Macro-econometric Model of the Maltese Economy [J]. *Mpra Paper*, 2013.

[271] Gregory, Hansen. Residual-based Tests for Cointegration in Models with Regime Shifts [J]. *Journal of Econometrics*, 1996, 70 (1): 99 – 126.

[272] Greunz. Intra-and Inter-regional Knowledge Spillovers across European Regions [J]. *European Planning Studies*, 2004, 13 (3): 449 – 473.

[273] Griffith. A Linear Regression Solution to the Spatial Autocorrelation Problem [J]. *Journal of Geographical Systems*, 2000, 2 (2): 141 – 156.

[274] Grossman, Krueger. Environmental Impact of a North American Free Trade Agreement [J]. *Working Paper*, No. 3914, 1991.

[275] Grossman, Krueger. Economic Growth and the Environment [J]. *The Quarterly Journal of Economics*, 1995, 110 (2): 353 – 377.

[276] He, Richard. Environmental Kuznets Curve for CO_2 in Canada [J]. *Ecological Economics*, 2010, 69 (5): 1083 – 1093.

[277] Heutel. How Should Environmental Policy Respond to Business Cycles? Optimal Policy Under Persistent Productivity Shocks [J]. *Review of Economic Dynamics*, 2012, 15 (2): 244 – 264.

[278] Hong, Yang, Hwang, Lee. Validation of an R&D-based Computable General Equilibrium Model [J]. *Economic Modelling*, 2014, 42: 454 – 463.

[279] Jaffe. Demand and Supply Influences in R&D Intensity and Productivity Growth [J]. *Review of Economics & Statistics*, 1988, 70 (3): 431 – 437.

[280] Jaffe. Real Effects of Academic Research [J]. *American Economic Re-*

view, 1989, 79 (5): 957 – 970.

［281］Jaffe, Trajtenberg, Henderson. Geographic Localization of Knowledge Spillovers as Evidenced by Patent Citations ［J］. *Quarterly Journal of Economics*, 1993, 108 (3): 577 – 598.

［282］Jerger, Röhe. Testing for Parameter Stability in DSGE Models. The Cases of France, Germany, Italy, and Spain ［J］. *International Economics and Economic Policy*, 2014, 11 (3): 329 – 351.

［283］Jin. Can Technological Innovation Help China Take on Its Climate Responsibility? An Intertemporal General Equilibrium Analysis ［J］. *Energy policy*, 2012, 49 (0): 629 – 641.

［284］Jobert, Karanfil, Tykhonenko. Convergence of Per Capita Carbon Dioxide Emissions in the EU: Legend or Reality? ［J］. *Energy Economics*, 2010, 32 (6): 1364 – 1373.

［285］Jung, Krutilla, Boyd. Incentives for Advanced Pollution Abatement Technology at the Industry Level: An Evaluation of Policy Alternatives ［J］. *Journal of Environmental Economics & Management*, 1996, 30 (1): 95 – 111.

［286］Jungmittag. Innovation Dynamics in the EU: Convergence or Divergence? A Cross-country Panel Data Analysis ［J］. *Empirical Economics*, 2006, 31 (2): 313 – 331.

［287］Kamada, Nakayama, Takagawa. Deepening Interdependence in the Asia-Pacific Region: An Empirical Study Using a Macro-Econometric Model ［J］. *Koichiro Kamada*, 2002.

［288］Katsoulacos, Xepapadeas. Environmental Policy Under Oligopoly with Endogenous Market Structure ［J］. *The Scandinavian Journal of Economics*, 1995: 411 – 420.

［289］Klima, Podemski, Retkiewicz-wijtiwiak, Sowińska. Smets-Wouters 03 Model Revisited-an Implementation in gEcon ［J］. *Mpra Paper*, 2015.

［290］Legendre, Legendre. *Numerical Ecology* – 3 ［M］. Elsevier, 1998: 853.

［291］ Lehr, Lutz, Edler. Green jobs? Economic Impacts of Renewable Energy in Germany ［J］. *Energy Policy*, 2011, 47 (10): 358 – 364.

［292］ Lei. Industry Evolution and Competence Development: the Imperatives of Technological Convergence ［J］. *International Journal of Technology Management*, 2000, 19 (7): 699 – 738.

［293］ Lesage, Pace. *Introduction to Spatial Econometrics* ［M］. CRC Press, 2009: 513 – 514.

［294］ Li-Chengyu, Shao Shuai. A Dynamic Computable General Equilibrium Simulation of China's Innovation-Based Economy Under the New Normal ［J］. *Journal of Shanghai Jiaotong University* (Science), 2016, (3): 335 – 342.

［295］ Liang, Fan, Wei. Carbon Taxation Policy in China: How to Protect Energy-and Trade-intensive Sectors? ［J］. *Journal of Policy Modeling*, 2007, 29 (2): 311 – 333.

［296］ Liang, Fan, Wei. The Effect of Energy end-use Efficiency Improvement on China's Energy Use and CO_2 Emissions: a CGE Model-based Analysis ［J］. *Energy Efficiency*, 2009, 2 (3): 243 – 262.

［297］ Mackenzie, Ohndorf. Cap-and-trade, Taxes, and Distributional Conflict ［J］. *Journal of Environmental Economics & Management*, 2012, 63 (1): 51 – 65.

［298］ Nelson. *National Innovation Systems: A Comparative Analysis* ［M］. Oxford University Press, USA, 1993.

［299］ Nordhaus. Modeling Induced Innovation in Climate-change Policy ［J］. *Technological Change and the Environment*, 2002: 182 – 209.

［300］ Nordhaus. Estimates of the Social Cost of Carbon: Background and Results from the Rice – 2011 Model ［J］. *Cowles Foundation Discussion Papers*, 2011.

［301］ Nordhaus. Estimates of the Social Cost of Carbon: Concepts and Results from the DICE – 2013R Model and Alternative Approaches ［J］. *Journal of the Association of Environmental & Resource Economists*, 2014, 1 (1): 273 – 312.

［302］Oinas，Malecki. The Evolution of Technologies in Time and Space：From National and Regional to Spatial Innovation Systems ［J］. *International Regional Science Review*，2002，25（1）：102 – 131.

［303］Onafowora，Owoye. Bounds Testing Approach to Analysis of the Environment Kuznets Curve Hypothesis ［J］. *Energy Economics*，2014，44（Supplement C）：47 – 62.

［304］Ortiz，Golub，Lugovoy，Markandya，Wang. DICER：A Tool for Analyzing Climate Policies ［J］. *Energy Economics*，2011，33（6）：S41 – S49.

［305］Pablo-Romero，Cruz，Barata. Testing the Transport Energy-environmental Kuznets Curve Hypothesis in the EU27 Countries ［J］. *Energy Economics*，2017，62（Supplement C）：257 – 269.

［306］Patel，Pavitt. Uneven（and Divergent）Technological Accumulation Among Advanced Countries：Evidence and a Framework of Explanation ［J］. *Industrial and Corporate Change*，1994，3（3）：759 – 787.

［307］Patuelli，Griffith，Tiefelsdorf，Nijkamp. Spatial Filtering and Eigenvector Stability：Space-time Models for German Unemployment Data ［J］. *International Regional Science Review*，2011，34（2）：253.

［308］Popp. The Effect of New Technology on Energy Consumption ［J］. *Resource and Energy Economics*，2001，23（3）：215 – 239.

［309］Popp. ENTICE：Endogenous Technological Change in the DICE Model of Global Warming ［J］. *Journal of Environmental Economics and Management*，2004，48（1）：742 – 768.

［310］Porter，Claas. Toward a New Conception of the Environment Competitiveness Relationship ［J］. *Journal of Economic Perspectives*，1995，9（4）：97 – 118.

［311］Qi，Weng. Economic Impacts of an International Carbon Market in Achieving the INDC Targets ［J］. *Energy*，2016，109：886 – 893.

［312］Requate，Unold. Environmental Policy Incentives to Adopt Advanced Abatement Technology Will the True Ranking Please Stand Up？ ［J］. *European*

Economic Review, 2003, 47 (1): 125 – 146.

[313] Resende. Measuring Micro-and Macro-Impacts of Regional Development Policies: The Case of the Northeast Regional Fund (FNE) Industrial Loans in Brazil, 2000 – 2006 [J]. *Regional Studies*, 2014, 48 (4): 646 – 664.

[314] Rey, Smith. A Spatial Decomposition of the Gini Coefficient [J]. *Letters in Spatial & Resource Sciences*, 2012, 6 (2): 1 – 16.

[315] Riddel, Schwer. Regional Innovative Capacity with Endogenous Employment: Empirical Evidence from the U. S. [J]. *The Review of Regional Studies*, 2003, 33 (1): 73 – 84.

[316] Rinkinen, Oikarinen, Melkas. Social Enterprises in Regional Innovation Systems: a Review of Finnish Regional Strategies [J]. *European Planning Studies*, 2016, 24 (4): 1 – 19.

[317] Robichaud, Tiberti, Maisonnave. Impact of Increased Public Education Spending on Growth and Poverty in Uganda. An Integrated Micro-macro Approach [J]. *Working Papers Mpia*, 2014.

[318] Rondé, Hussler. Innovation in Regions: What does Really Matter? [J]. *Research Policy*, 2005, 34 (8): 1150 – 1172.

[319] Rotemberg. Sticky Prices in the United States [J]. *Journal of Political Economy*, 1982, 90 (6): 1187 – 1211.

[320] Salami, Shahnooshi, Thomson. The Economic Impacts of Drought on the Economy of Iran: an Integration of Linear Programming and Macroeconometric Modelling Approaches [J]. *Ecological Economics*, 2009, 68 (4): 1032 – 1039.

[321] Schneider. Integrated Assessment Modeling of Global Climate Change: Much Has Been Learned—Still a Long and Bumpy Road Ahead [J]. *Marine Biology*, 2005, 83 (2): 205 – 217.

[322] Solow. Technical Progress and the Aggregate Production Function [J]. *Review of Economics*, 1957: 65 – 94.

[323] Song, Zhang, Wang. Inflection Point of Environmental Kuznets Curve in Mainland China [J]. *Energy policy*, 2013, 57: 14 – 20.

［324］ Stern. The Determinants of National Innovative Capacity ［J］. *National Bureau of Economic Research Working Paper*, 2000.

［325］ Stern. The Rise and Fall of the Environmental Kuznets Curve ［J］. *World Development*, 2004, 32 (8): 1419 – 1439.

［326］ Stern, Common. Is There an Environmental Kuznets Curve for Sulfur? ［J］. *Journal of Environmental Economics and Management*, 2001, 41 (2): 162 – 178.

［327］ Stoneman. The Economic Analysis of Technological Change ［M］. Oxford: Oxford University Press, 1983.

［328］ Stranlund. Public Technological Aid to Support Compliance to Environmental Standards ［J］. *Journal of Environmental Economics & Management*, 1997, 34 (3): 228 – 239.

［329］ TäDtling, Trippl. Regional Innovation Systems ［A］. In Carayannis. Encyclopedia of Creativity, Invention, Innovation and Entrepreneurship ［C］. New York, NY, Springer New York, 2013: 1548 – 1548

［330］ Tamegawa. Two-region DSGE Analysis of Regionally Targeted Fiscal Policy ［J］. *Review of Regional Studies*, 2012, 42: 249 – 263.

［331］ Tobler. Lattice Tuning ［J］. *Geographical Analysis*, 1979, 11 (1): 36 – 44.

［332］ Urbait, Gruodis. Building Lithuanian Macro-econometric Model: Forecast of Average Wages and Unemployment Rate ［J］. *Intellectual Economics*, 2012, (1): 22.

［333］ Van Der Zwaan, Gerlagh, Schrattenholzer. Endogenous Technological Change in Climate Change Modelling ［J］. *Energy Economics*, 2002, 24 (1): 1 – 19.

［334］ Varga. GMR-Hungary: A Complex Macro-regional Model for the Analysis of Development Policy Impacts on the Hungarian Economy ［J］. *Working Papers*, 2007.

［335］ Wang. Modelling the Nonlinear Relationship between CO_2 Emissions from

Oil and Economic Growth [J]. *Economic Modelling*, 2012, 29 (5): 1537 –1547.

[336] Wang, Chen, Zou. Decomposition of Energy-related CO_2 Emission in China: 1957 – 2000 [J]. *Energy*, 2005, 30 (1): 73 –83.

[337] Wang, Wang, Chen. Analysis of the Economic Impact of Different Chinese Climate Policy Options Based on a CGE Model Incorporating Endogenous Technological Change [J]. *Energy policy*, 2009, 37 (8): 2930 –2940.

[338] Weber, Neuhoff. Carbon Markets and Technological Innovation [J]. *Journal of Environmental Economics and Management*, 2010, 60 (2): 115 –132.

[339] Yahoo, Othman. Employing a CGE Model in Analysing the Environmental and Economy-wide Impacts of CO_2 Emission Abatement Policies in Malaysia [J]. *Science of the Total Environment*, 2017, s 584 – 585: 234 –243.

后　记

　　本书是在笔者主持的国家社科基金项目"中国区域技术创新碳减排效应及优化政策研究（13BJY024）"研究报告的基础上修改而成的，该基金项目已于 2018 年顺利结题。基金项目的结题，重庆工商大学科研处的工作人员给予了极大的帮助。研究报告的写作过程中，硕士研究生毛明明、柴泽阳、李桂霞、邹粉菊、刘俊丽、张敏等同学参与了部分数据的收集、整理。特别感谢以上相关人员对研究工作的支持。也要感谢出版社李军老师为本书出版付出的艰辛编辑工作。本书的顺利出版，同时得到教育部人文社会科学重点研究基地重庆工商大学长江上游经济研究中心"长江上游地区创新创业与区域经济发展团队项目（CJSYTD201706）"的资助。

　　由于笔者水平有限，书中如有错漏之处，还请各位专家读者批评指正（jnus@ sina. com），参考文献已在文末列出，如有疏漏，敬请谅解。

孙建

2019 年 6 月于重庆南山